DER GROSSE ENTWURF

STEPHEN HAWKING

& LEONARD MLODINOW

DER GROSSE ENTWURF

EINE NEUE ERKLÄRUNG DES UNIVERSUMS

impian

INHALT

KAPITEL 1

DAS GEHEIMNIS DES SEINS

WIR EXISTIEREN NUR kurze Zeit und erforschen in dieser Zeit nur einen kleinen Teil des Universums. Doch der Mensch ist eine neugierige Spezies. Wir staunen und suchen nach Antworten. Da die Menschen nun einmal in dieser riesigen, mal gütigen, mal grausamen Welt leben und in den unermesslichen Himmel über ihnen blicken, stellen sie sich von jeher eine Fülle von Fragen. Wie können wir die Welt verstehen, in der wir leben? Wie verhält sich das Universum? Was ist das Wesen der Wirklichkeit? Woher kommt das alles? Braucht das Universum einen Schöpfer? Die meisten von uns verbringen nicht übermäßig viel Zeit mit diesen Fragen, doch fast alle machen wir uns hin und wieder darüber Gedanken.

Traditionell sind das Fragen für die Philosophie, doch die Philosophie ist tot. Sie hat mit den neueren Entwicklungen in der Naturwissenschaft, vor allem in der Physik, nicht Schritt gehalten. Jetzt sind es die Naturwissenschaftler, die mit ihren Entdeckungen die Suche nach Erkenntnis voranbringen. Das vorliegende Buch soll Antworten liefern, die durch jüngere Entdeckungen und theoretische Fortschritte nahegelegt werden. Sie führen uns zu einer neuen Vorstellung vom Universum und unserem Platz darin, die ganz anders ist als die traditionelle Auffassung, ganz anders sogar als das Bild, das wir vielleicht noch vor ein oder zwei Jahrzehnten gezeichnet hätten. Trotzdem reichen die ersten Entwürfe des neuen Konzepts fast hundert Jahre zurück.

Nach der traditionellen Auffassung vom Universum bewegen sich Objekte auf genau bestimmten Bahnen und haben genau bestimmte Geschichten. Wir können ihren exakten Aufenthaltsort zu jedem Zeitpunkt angeben. Zwar reicht diese Beschreibung für alltägliche Zwecke aus, doch in den zwanziger Jahren entdeckte man, dass dieses «klassische» Bild das scheinbar bizarre Verhalten auf der atomaren und subatomaren Ebene unserer Welt nicht erklären konnte. Man brauchte also einen anderen Erklärungsrahmen, die sogenannte Quantenphysik.

Quantentheorien haben sich bei Vorhersagen über Ereignisse auf mikroskopischen Größenskalen als bemerkenswert genau erwiesen, reproduzieren aber auch, wenn man sie auf die makroskopischen Verhältnisse unserer Alltagswelt anwendet, die Vorhersagen der alten, klassischen Theorien. Doch Quantentheorie und klassische Physik beruhen auf ganz verschiedenen Auffassungen von der physikalischen Wirklichkeit.

«... und *das* ist meine Philosophie.»

Quantentheorien lassen sich auf viele verschiedene Arten formulieren, aber die wahrscheinlich anschaulichste Beschreibung lieferte Richard (Dick) Feynman, ein schillernder Charakter, der am California Institute of Technology arbeitete und ein paar Häuser weiter in einem Striplokal die Bongotrommel schlug. Laut Feynman hat ein System nicht nur eine Geschichte, sondern jede irgend mögliche Geschichte. Auf der Suche nach unseren Antworten werden wir Feynmans Ansatz noch eingehender erklären und mit seiner Hilfe der These nachgehen, dass das Universum selbst keine einmalige Geschichte und noch nicht einmal eine unabhängige Existenz hat. Das halten sogar viele Physiker für eine radikale Idee. Tatsächlich scheint sie, wie viele Konzepte der modernen Naturwissenschaft, dem gesunden Menschenverstand zu widersprechen. Doch der gesunde Menschenverstand stützt sich auf Alltagserfahrung und nicht auf das Universum, wie es uns durch die Wunderwerke der modernen Technik offenbart wird, die uns tief ins Innere des Atoms und zurück bis zu den Anfängen des Universums schauen lassen.

Vor Anbruch der modernen Physik war man allgemein der Meinung, alles Wissen über die Welt lasse sich durch direkte Beobachtung gewinnen, die Dinge seien so, wie sie erscheinen, das heißt so, wie sie durch unsere Sinne wahrgenommen werden. Doch der spektakuläre Erfolg der modernen Physik mit ihren Konzepten, die, wie Feynmans Ansatz, im Widerspruch zur Alltagserfahrung stehen, hat diese Annahme widerlegt. Das naive Wirklichkeitsverständnis ist nicht mit der modernen Physik zu vereinbaren. Bei der Auseinandersetzung mit diesen Paradoxien werden wir uns an einen Ansatz halten, den wir modellabhängigen Realismus nennen.

Dabei gehen wir von der Überlegung aus, dass unsere Gehirne den Input von unseren Sinnesorganen interpretieren, indem sie ein Modell der Welt anfertigen. Wenn es einem solchen Modell gelingt, Ereignisse zu erklären, billigen wir in der Regel ihm sowie den Elementen und Konzepten, aus denen es besteht, den Status der Wirklichkeit oder absoluten Wahrheit zu. Doch es kann verschiedene Möglichkeiten zur Modellierung ein und derselben physikalischen Situation geben, wobei jeweils verschiedene fundamentale Elemente und Konzepte verwendet werden. Wenn zwei solche physikalischen Theorien oder Modelle dieselben Ereignisse exakt vorhersagen, lässt sich nicht behaupten, das eine sei realer als das andere, daher steht es uns frei, uns an das praktikablere zu halten.

Im Laufe der Wissenschaftsgeschichte haben wir eine Folge immer besserer Theorien oder Modelle entdeckt – von Platon über die klassische Theorie Newtons bis hin zur modernen Quantentheorie. Da liegt die Frage nahe: Wird diese Folge irgendwann ihren Endpunkt erreichen, die endgültige Theorie des Universums, die alle Kräfte umfasst und jede mögliche Beobachtung vorhersagt, oder werden wir fortwährend auf immer bessere Theorien stoßen, aber nie auf eine, die sich nicht mehr verbessern lässt? Noch kennen wir keine verbindliche Antwort auf diese Frage, aber wir haben eine Kandidatin für eine endgültige Theorie von Allem, wenn es sie denn gibt: die sogenannte M-Theorie. Sie ist das einzige Modell, das alle Eigenschaften besitzt, welche die letztgültige Theorie unserer Meinung nach haben müsste. Auf diese Theorie stützt sich daher ein Großteil unserer späteren Erörterungen.

Die M-Theorie ist keine Theorie im üblichen Sinn. Sie besteht aus einer ganzen Familie verschiedener Theorien, deren jede nur für einen Teilbereich physikalischer Situationen eine gute Beschreibung liefert. Sie hat damit eine gewisse Ähnlichkeit mit einer Landkarte. Bekanntlich kann man nicht die ganze Erdoberfläche auf einer einzigen Karte wiedergeben. Die bei Weltkarten übliche Mercator-Projektion lässt Gebiete im hohen Norden und tiefen Süden immer größer erscheinen und erfasst den Nord- und Südpol überhaupt nicht mehr. Um die ganze Erde wirklichkeitsgetreu abzubilden, benötigt man mehrere Karten, deren jede eine begrenzte Region darstellt. Dort, wo diese Karten einander überlappen, zeigen sie dieselbe Landschaft. Ähnlich verhält es sich mit der M-Theorie. Die einzelnen Mitglieder der M-Theoriefamilie mögen sehr verschieden aussehen, lassen sich aber

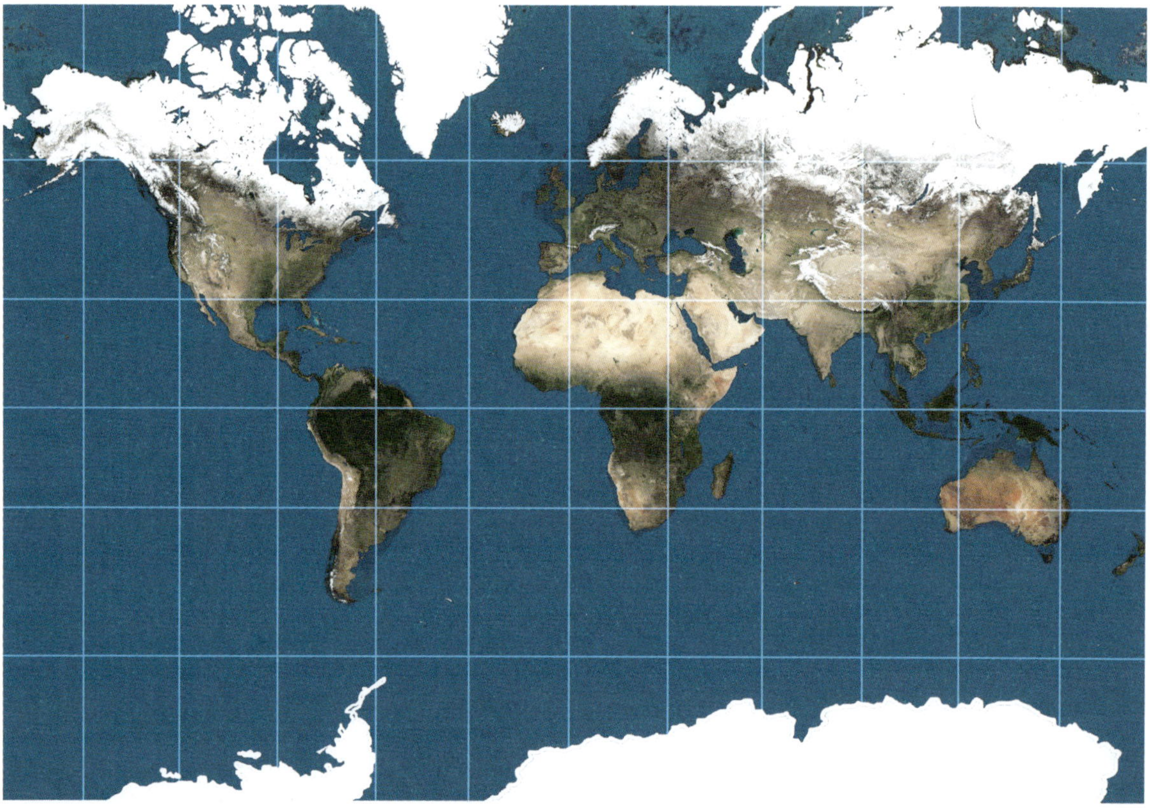

WELTKARTE – *Möglicherweise bedarf es einer Reihe einander überschneidender Theorien, um das Universum darzustellen, genauso wie es einander überlappender Karten bedarf, um die Erde darzustellen.*

alle als Aspekte derselben zugrundeliegenden Theorie auffassen. Sie sind Spielarten der Theorie, die sich nur in gewissen Grenzen anwenden lassen, etwa wenn bestimmte Größen wie die Energie klein sind. Wie die überlappenden Karten einer Mercator-Projektion sagen sie dort, wo sich die Reichweiten verschiedener Versionen überschneiden, dasselbe Phänomen vorher. Doch wie keine flache Karte eine befriedigende Wiedergabe der gesamten Erdoberfläche ist, so stellt auch keine einzelne Theorie für sich allein die Beobachtungen in allen Situationen treffend dar.

Wir werden darlegen, inwiefern die M-Theorie Antworten auf die Schöpfungsfrage geben kann. Nach der M-Theorie ist unser Universum nicht das einzige, sondern eines unter einer Vielzahl von Universen, die aus dem Nichts geschaffen wurden. Ihre Schöpfung ist nicht auf die Intervention eines übernatürlichen Wesens oder Gottes angewiesen. Vielmehr ist diese Vielfalt von Universen eine natürliche Folge der physikalischen Gesetze, eine naturwissenschaftliche Vorhersage. Jedes Universum hat viele mögliche Geschichten und viele mögliche Zustände in späteren Zeiten, das heißt in Zeiten wie der gegenwärtigen, lange nach seiner Erschaffung. Die meisten dieser Zustände werden ganz anders sein als das Universum, das wir beobachten, und ganz ungeeignet für die Existenz irgendwelcher Lebensformen. Nur eine ganz geringe Anzahl würde die Existenz von Geschöpfen wie uns zulassen. Daher selektiert unsere Anwesenheit aus dieser ungeheuren Zahl nur diejenigen Universen, die mit unserer Existenz vereinbar sind. Obwohl wir nach kosmischen Maßstäben nur winzig und unbedeutend sind, werden wir dadurch in gewissem Sinne zu den Herren der Schöpfung.

Um das Universum auf fundamentalster Ebene zu verstehen, müssen wir nicht nur wissen, *wie* sich das Universum verhält, sondern auch *warum*.

- *Warum gibt es etwas und nicht einfach nichts?*
- *Warum existieren wir?*
- *Warum dieses besondere System von Gesetzen und nicht irgendein anderes?*

Das ist die letztgültige Frage nach dem Leben, dem Universum und dem ganzen Rest. Wir werden versuchen, sie in diesem Buch zu beantworten. Allerdings wird unsere Antwort anders als in *Per Anhalter durch die Galaxis* nicht einfach «42» lauten.

KAPITEL 2

DIE HERRSCHAFT DES GESETZES

Sköll heißt der Wolf,
der der scheinenden Gottheit
Folgt in die schützende Flut;
Hati der andre, Hrodwitnirs Sohn,
Eilt der Himmelsbraut voraus.
GRIMNISMÂL, *Ältere Edda**

IN DER NORDISCHEN MYTHOLOGIE jagen Sköll und Hati die Sonne und den Mond. Wenn die Wölfe einen der beiden Himmelskörper packen, gibt es eine Finsternis. Dann kommen die Menschen auf der Erde der Sonne oder dem Mond zu Hilfe, indem sie – in der Hoffnung, die Wölfe abzuschrecken – nach Kräften Lärm machen. In anderen Kulturen gibt es ähnliche Mythen. Doch mit der Zeit müssen die Menschen gemerkt haben, dass Sonne und Mond aus ihren Finsternissen rasch wieder auftauchten, ob sie nun schreiend umherliefen und auf Gegenstände einschlugen oder auch nicht. Mit der Zeit müssen sie dann gemerkt haben, dass die Finsternisse nicht einfach zufällig auftraten: Sie vollzogen sich in regelmäßigen, sich wiederholenden Mustern. Besonders deutlich zeigten sich diese Muster bei den Verfinsterungen des Mondes, was die alten Babylonier in die Lage versetzte, Mondfinsternisse ziemlich genau vorherzusagen, obwohl ihnen nicht klar war, dass diese entstanden, weil der Mond im Schatten der Erde stand. Sonnenfinsternisse waren schwieriger vorherzusagen, weil sie auf der Erde nur in einem Korridor von rund 50 Kilometern Breite zu sehen sind. Doch sobald die Muster einmal erkannt waren, bestand kein Zweifel mehr daran, dass sie nicht von den Launen übernatürlicher Wesen abhingen, sondern von Gesetzen bestimmt wurden.

Obwohl es unseren Vorfahren schon früh gelang, die Bewegungen einiger Himmelskörper zu prophezeien, vermochten sie die meisten Naturerscheinungen nicht vorherzusagen. Ob Vulkane, Erdbeben, Stürme, Seuchen oder eingewachsene Fußnägel – alle schienen sie ohne erkennbare Ursachen oder Regelmäßigkeiten aufzutreten. Im Altertum war es üblich, heftige Naturereignisse einem Pantheon mutwilliger oder bösartiger Gottheiten zuzuschreiben. Unglücksfälle galten häufig als Zeichen dafür, dass man die Götter irgendwie gekränkt hatte. Beispielsweise brach um 5600 v. Chr. der Vulkan Mount Mazama im heutigen Oregon aus, ließ jahrelang Gestein und glühende Asche herabregnen und verursachte die Regenfälle, die im Laufe der Jahre den vulkanischen Krater füllten, sodass ein See, der heutige Crater Lake, entstand. Eine Legende der Klamath-Indianer Oregons gibt jede geologische Einzelheit des Geschehens getreulich wieder, versieht es aber zusätzlich mit einem dramatischen Glanzlicht, indem sie einen Menschen als Ursache der Kata-

* *Grimnismâl, Das Lied von Grimnir*, Stuttgart, Cotta, 1876, S. 18.

FINSTERNISSE – *Unsere Vorfahren kannten die Ursache der Finsternisse nicht, aber sie bemerkten Muster in ihrem Auftreten.*

strophe benennt. Die menschliche Schuldbereitschaft ist so groß, dass wir immer einen Grund zur Selbstbezichtigung finden. In der Legende entbrennt Llao, der Häuptling der Unterwelt, in Liebe zu der schönen Menschentochter eines

Klamath-Häuptlings. Sie aber weist ihn zurück, und aus Rache versucht Llao, die Klamath durch Feuer zu vernichten. Glücklicherweise, so die Legende weiter, hat Skell, der Häuptling der Oberwelt, Mitleid mit den Menschen und nimmt den Kampf mit seinem unterweltlichen Widerpart auf. Schließlich stürzt der verwundete Llao wieder in den Mount Mazama zurück und hinterlässt ein riesiges Loch, den Krater, der sich schließlich mit Wasser füllt.

Unkenntnis der Naturgesetze veranlasste die Menschen früherer Zeiten, Götter zu erfinden, die in jeden Aspekt des menschlichen Lebens hineinregierten. Es gab Götter für Liebe und Krieg, für Sonne, Erde und Himmel, für Meere und Flüsse, für Regen und Gewitter, sogar für Erdbeben und Vulkane. Waren die Götter zufrieden, schenkten sie den Menschen schönes Wetter und Frieden und verschonten sie mit Naturkatastrophen und Krankheiten. Waren sie verstimmt, schickten sie Dürre, Krieg, Pestilenz und andere Seuchen. Da die Beziehung zwischen Ursache und Wirkung in der Natur für sie nicht ersichtlich war, erschienen diese Götter als unergründlich und die Menschen ihnen auf Gedeih und Verderb ausgeliefert. Doch das begann sich vor 2600 Jahren mit Thales von Milet (um 624 v. Chr.–um 546 v. Chr.) zu ändern. Es kam der Gedanke auf, die Natur könnte in ihrem Verhalten gleichbleibenden, entschlüsselbaren Prinzipien folgen. So begann der lange Prozess, der die Vorstellung von der Herrschaft der Götter schließlich durch die eines Universums ersetzte, das von Naturgesetzen bestimmt wird und nach einem Entwurf erschaffen wurde, den wir eines Tages lesen könnten.

Auf der Zeitleiste der menschlichen Geschichte betrachtet, ist die wissenschaftliche Forschung eine ganz neue Beschäftigung. Unsere Art, *Homo sapiens,* entwickelte sich vor rund 200 000 Jahren in Schwarzafrika. Die Schriftsprache, das Produkt von Gesellschaften, in deren Mittelpunkt der Getreideanbau stand, reicht nur bis etwa 7000 v. Chr. zurück. (Einige der ältesten Inschriften betreffen das tägliche Quantum Bier, das jedem Bürger zugestanden wurde.) Die frühesten schriftlichen Aufzeichnungen der antiken griechischen Hochkultur stammen aus dem 9. Jahrhundert v. Chr., doch die Blütezeit dieser Zivilisation, die «klassische Periode», setzte einige hundert Jahre später ein – kurz vor 500 v. Chr. Laut Aristoteles (384–322 v. Chr.) entwickelte Thales als Erster den Gedanken, dass sich die Welt verstehen lässt, dass sich die komplizierten Geschehnisse um uns herum auf einfachere Prinzipien zurückführen und ohne Rückgriff auf mythische oder theologische Deutungen erklären lassen.

Thales soll 585 v. Chr. als Erster eine Sonnenfinsternis vorhergesagt haben, wenn auch die große Genauigkeit seiner Vorhersage wahrscheinlich ein Glückstreffer war. Er selbst bleibt im Dunkeln, da er keine eigenen Schriften hinterlassen hat. Seine Heimatstadt war eines der geistigen Zentren Ioniens, das von den Griechen kolonisiert worden war und dessen Einfluss am Ende von Kleinasien aus weit nach Westen, bis nach Italien, reichte. Ionische Wissenschaft zeichnete sich vor allem durch das Bestreben aus, fundamentale Gesetze zur Erklärung von Naturerscheinungen zu entdecken, ein eminent wichtiger Meilenstein in der menschlichen Geistesgeschichte. Diese Philosophen folgten der Vernunft und gelangten in vielen Fällen zu überraschend ähnlichen Schlussfolgerungen wie wir Heutigen mit unseren hochkomplizierten Methoden und Geräten. Es war ein imposanter Beginn. Doch im Laufe der Jahrhunderte wurde ein Großteil der ionischen Wissenschaft vergessen – und später dann wiederentdeckt oder wieder erfunden, manchmal sogar mehr als einmal.

Die Legende will, dass die erste mathematische Formulierung eines Naturgesetzes im heutigen Sinne auf den Ionier Pythagoras (um 580–490 v. Chr.) zurückgeht, der seinen Ruhm dem nach ihm benannten Lehrsatz verdankt: Das Quadrat der Länge der Hypotenuse (der längsten Seite) eines rechtwinkligen Dreiecks ist gleich der Summe der Quadrate der Längen der anderen beiden Seiten. Pythagoras soll das Zahlenverhältnis zwischen der Saitenlänge von Musikinstrumenten und der harmonischen Kombination der Töne entdeckt haben. Heute würden wir dieses Verhältnis wie folgt beschreiben: Bei gleichbleibender Spannung ist die Frequenz – die Zahl der Schwingungen pro Sekunde – einer Saite umgekehrt proportional zur Länge der Saite.

In der Praxis erklärt das, warum eine Bassgitarre längere Saiten hat als eine normale Gitarre. Wahrscheinlich hat Pythagoras das nicht wirklich entdeckt – genauso wenig, wie er den Lehrsatz entdeckt hat, der seinen Namen trägt –, aber es gibt Anhaltspunkte dafür, dass damals die Beziehung zwischen Saitenlänge und Tonhöhe zumindest teilweise bekannt war. Dann wäre diese einfache mathematische Formel das erste Beispiel dessen, was wir heute als theoretische Physik kennen.

Neben dieser pythagoreischen «Stringtheorie» – «Saitentheorie» – waren den Alten nur

noch drei weitere physikalische Gesetze bekannt, die von Archimedes (ca. 287–212 v. Chr.), dem bei weitem bedeutendsten Physiker der Antike, beschrieben wurden. In heutiger Terminologie erklärt das Hebelgesetz, dass kleine Kräfte große Gewichte heben können, weil

IONIEN – *Philosophen im antiken Ionien gehörten zu den ersten Gelehrten, die Naturerscheinungen durch Naturgesetze statt durch Mythen oder Theologie erklärten.*

der Hebel eine Kraft gemäß dem Verhältnis der Entfernungen vom Drehpunkt des Hebels verstärkt. Das Auftriebsgesetz besagt, dass auf jeden Gegenstand, der in eine Flüssigkeit getaucht wird, eine aufwärtsgerichtete Kraft wirkt, die gleich dem Gewicht der verdrängten Flüssigkeit ist. Und das Reflexionsgesetz stellt fest, dass der Winkel zwischen einem Lichtstrahl und einem Spiegel gleich dem Winkel zwischen dem Spiegel und dem reflektierten Strahl ist. Allerdings bezeichnete Archimedes sie nicht als Gesetze und erklärte sie auch nicht durch Verweis auf Beobachtungen und Messungen. Stattdessen behandelte er sie, als wären sie rein mathematische Lehrsätze in einem axiomatischen System wie jenem, das Euklid für die Geometrie entwickelt hatte.

Mit der Ausbreitung des ionischen Einflusses gelangten auch andere zu der Überzeugung, dass das Universum eine innere Ordnung besitze, die sich durch Beobachtung und Vernunft verstehen lasse. Anaximander (um 610–um 546 v. Chr.), ein Freund und möglicherweise Schüler des Thales, vertrat die Ansicht, dass der erste Mensch, wenn er als Säugling auf die Welt gekommen wäre, nicht überlebt hätte, da menschliche Säuglinge bei Geburt hilflos sind. Es war wohl eine erste Ahnung der Evolutionstheorie, die die Menschheit entwickelte, als Anaximander meinte, die Menschen müssten sich aus anderen Tieren mit widerstandsfähigeren Jungen entwickelt haben. Auf Sizilien beobachtete Empedokles (um 490–um 430 v. Chr.) die Verwendung eines Geräts namens Klepsydra. Es handelte sich um ein gelegentlich auch als Schöpfkelle benutztes kugelförmiges Gefäß mit offenem Hals und kleinen Löchern im Boden. In Wasser getaucht, füllte sich die Klepsydra, und wenn man dann den offenen Hals verschloss, ließ sich die Klepsydra herausheben, ohne dass das Wasser durch die Löcher ablief. Außerdem beobachtete Empedokles, dass sich eine eingetauchte Klepsydra nicht füllte, wenn man vorher den Hals verschloss. Daraus folgerte er, dass etwas Unsichtbares das Wasser daran hindern müsse, durch die Löcher in die Kugel einzudringen; er hatte den materiellen Stoff entdeckt, den wir Luft nennen.

Demokrit (460–370 v. Chr.), der aus einer ionischen Kolonie in Nordgriechenland stammte, überlegte etwa zur gleichen Zeit, was wohl geschehe, wenn man einen Gegenstand in Stücke bricht oder schneidet. Er erklärte, man könne den Prozess nicht endlos fortsetzen. Stattdessen behauptete er, dass alles, einschließlich aller Lebewesen, aus fundamentalen Teilchen bestehe, die sich nicht mehr in kleinere Bestandteile zerbrechen oder zerschneiden ließen. Er nannte diese kleinsten Teilchen Atome, nach dem griechischen Adjektiv für «unteilbar». Demokrit glaubte, dass jedes materielle Phänomen aus der Kollision von Atomen entstehe. Nach seiner Auffassung – dem sogenannten Atomismus – fliegen alle Atome durch den Raum und bewegen sich, wenn sie nicht gestört werden, endlos vorwärts. Heute bezeichnen wir diese Idee als Trägheitsgesetz.

Die revolutionäre Vorstellung, dass wir nur ganz gewöhnliche Bewohner des Universums sind und nicht in besonderer Weise dadurch hervorgehoben, dass wir in seinem Zentrum leben, wurde erstmals von Aristarch (um 310–um 230 v. Chr.) vertreten, einem der letzten ionischen Naturwissenschaftler. Nur eine seiner Berechnungen ist überliefert, die komplexe geometrische Analyse einiger sorgfältiger Beobachtungen der Größe des Erdschattens auf dem Mond, welche er während einer Mondfinsternis vorgenommen hatte. Aus diesen Daten schloss er, dass die Sonne viel größer als die Erde sein müsse. Vielleicht von dem Gedanken ausgehend, dass winzige Objekte riesige umkreisen sollten und nicht umgekehrt, hat er als erster Mensch behauptet, dass nicht die Erde der Mittelpunkt unseres Planetensystems sei, sondern dass sie und die anderen Planeten die viel größere Sonne umkreisen. Von der Erkenntnis, dass die Erde bloß ein Planet unter anderen ist, führt nur ein kleiner Schritt zu dem Gedanken, dass auch unsere Sonne nichts Besonderes ist. Genau das vermutete Aristarch und glaubte, dass die Sterne, die wir im Nachthimmel sehen, nichts anderes als ferne Sonnen seien.

Die Ionier waren nur eine von vielen Schulen der altgriechischen Philosophie, die alle ihre verschiedenen und häufig widersprüchlichen Traditionen hatten. Leider hat das ionische Verständnis der Natur – dass sie sich durch allgemeine Gesetze erklären und auf eine Reihe einfacher Prinzipien zurückführen lasse – seinen machtvollen Einfluss nur einige wenige Jahrhunderte ausgeübt. Das lag unter anderem daran, dass ionische Theorien häufig keinen Raum für den Begriff des freien Willens, des Zwecks oder der göttlichen Intervention in das Weltgeschehen ließen. Das waren bestürzende Unterlassungen, die manchem griechischen Denker genauso verstörend erschienen wie vielen Menschen heute. Beispielsweise lehnte der Philosoph Epikur (341–270 v. Chr.) den traditionellen Atomismus ab, weil es besser sei, «dem Mythos über die Götter zu folgen, als wie ein Sklave der Schicksalsnotwendigkeit der Naturphilosophen untertan zu sein».* Aristoteles lehnte den Begriff des Atoms ab, weil er nicht akzeptieren konnte, dass Menschen aus unbeseelten, unbelebten Objekten bestehen sollten. Die ionische Idee, dass der Mensch nicht der Mittelpunkt des Universums sei, war ein Meilenstein für unser Verständnis des Kosmos, wurde aber leider fallengelassen und bis zu Galilei, fast zwanzig Jahrhunderte später, nicht wiederaufgenommen oder allgemein akzeptiert.

So einsichtsvoll einige ihrer Spekulationen über die Natur auch waren, die meisten Ideen der alten Griechen wären in neuerer Zeit nicht als gültige wissenschaftliche Erkenntnisse durchgegangen. Zum einen, weil die Griechen nicht die wissenschaftliche Methode erfunden hatten, das heißt, sie entwickelten ihre Theorien nicht in der Absicht, sie experimentell zu verifizieren. Wenn also ein Gelehrter behauptete, ein Atom bewege sich geradlinig, bis es mit einem zweiten Atom zusammenstoße, und ein anderer erklärte, es bewege sich geradlinig, bis es auf einen Zyklopen treffe, gab es keine objektive Methode, den Streit zu entscheiden. Es gab auch keine eindeutige Unterscheidung zwischen menschlichen und physikalischen Gesetzen. Im fünften Jahrhundert v. Chr. schrieb Anaximander, dass alle Dinge aus einer Ursubstanz entstünden und zu ihr zurückkehrten, um nicht «Recht und Strafe für das Unrecht ...» leisten zu müssen.** Und laut dem ionischen Philosophen Heraklit (um 535–um 475 v. Chr.) verhält sich die Sonne so und nicht anders, weil die Göttin der Gerechtigkeit sie sonst zur Strecke bringen würde. Einige hundert Jahre später traf die Stoa, eine griechische Philosophenschule, die um das dritte vorchristliche Jahrhundert entstand, eine Unterscheidung zwischen den Gesetzen des Menschen und Naturgesetzen, nahm aber menschliche Verhaltensregeln, die für universell gehalten wurden – wie Gottesfurcht und Gehorsam gegenüber den Eltern – in die Kategorie der Naturgesetze auf. Umgekehrt fasste sie physikalische Prozesse häufig in rechtliche Begriffe und glaubte, ihnen müsste Geltung verschafft werden, obwohl die Objekte, von denen «Gehorsam» verlangt wurde, unbelebt waren. Falls Sie der Meinung sind, Menschen seien nur schwer zur Befolgung der Straßenverkehrsord-

* *Epikur und die Stoa über das Glück*, ausgewählt, übersetzt, zusammengestellt und mit einer Einführung von Gerhard Krüger, Heidelberg, Müller, 1998, S. 18.

** *Die Vorsokratiker*, Griechisch/Deutsch, ausgewählt, übersetzt und herausgegeben von Jaap Mansfeld, Stuttgart, Reclam 1987, S. 73.

nung zu bewegen, dann stellen Sie sich einmal vor, Sie müssten einen Asteroiden davon überzeugen, sich auf einer elliptischen Bahn zu bewegen. Diese Tradition beeinflusste auch noch die Denker, die den Griechen viele Jahrhunderte später nachfolgten. Im 13. Jahrhundert übernahm der christliche Philosoph Thomas von Aquin (um 1225–1274) diese Auffassung und versuchte mit ihrer Hilfe, die Existenz Gottes zu beweisen, indem er schrieb, es sei «offenbar, dass [unbelebte Körper] nicht aus Zufall, sondern aus Absicht an ihr Ziel gelangen ... Also gibt es etwas vernünftig Erkennendes, von dem alle Naturdinge auf ein Ziel hin geordnet werden.» Noch im sechzehnten Jahrhundert glaubte der große deutsche Astronom Johannes Kepler (1571–1630), die Planeten hätten Sinneswahrnehmungen und folgten Bewegungsgesetzen, die von ihrem «Geist» erfasst würden.

In der Vorstellung, den Naturgesetzen müsse absichtlich gehorcht werden, kommt zum Ausdruck, dass die Alten, statt zu erkunden, *wie* die Natur sich verhält, vor allem der Frage nachgingen, *warum* sie sich so und nicht anders verhält. Aristoteles war einer der führenden Vertreter dieser Ausrichtung und lehnte die Auffassung ab, dass Wissenschaft sich vorwiegend auf Beobachtung stützen müsse. Ohnehin waren genaue Messungen und mathematische Berechnungen in der Antike schwierig vorzunehmen. Das Dezimalsystem, das uns das Rechnen so erleichtert, entstand erst um 700 n. Chr., als die Hindus begannen, das System zu einem leistungsfähigen Werkzeug zu entwickeln. Die Kürzel für plus und minus wurden erst im fünfzehnten Jahrhundert eingeführt. Und weder das Gleichheitszeichen noch sekundengenaue Uhren gab es vor dem sechzehnten Jahrhundert.

Doch Aristoteles sah Probleme beim Messen und Berechnen nicht als Hindernisse an, die der Entwicklung einer zu quantitativen Vorhersagen fähigen Physik im Wege stünden, denn er hielt solche Vorhersagen nicht für notwendig. Stattdessen gründete er seine Physik auf Prinzipien, die ihn intellektuell ansprachen. Er unterschlug Tatsachen, die ihm unsympathisch waren, und konzentrierte sich auf die Ursachen von Geschehnissen, während er sich relativ wenig Mühe gab, genauer zu beschreiben, was geschah. Aristoteles korrigierte seine Schlussfolgerungen, wenn sie so stark von den Beobachtungen abwichen, dass er die Diskrepanz nicht mehr stillschweigend übergehen konnte. Doch diese Korrekturen waren oft Ad-hoc-Erklärungen, die den Widerspruch lediglich kaschierten. Egal, wie sehr seine Theorie von der

Wirklichkeit abwich, Aristoteles konnte sie immer ausreichend verändern, um den Widerspruch scheinbar zu beseitigen. Beispielsweise fallen nach seiner Bewegungslehre schwere Körper mit einer konstanten Geschwindigkeit, die ihrem Gewicht proportional ist. Um zu erklären, dass Objekte bei ihrem Fall offensichtlich schneller werden, erfand er ein neues Prinzip – dass Körper größere Freude empfinden und daher beschleunigen, wenn sie sich ihrem natürlichen Ruheort nähern, ein Prinzip, das heute besser geeignet erscheint, das Verhalten bestimmter Leute zu beschreiben als das unbelebter Gegenstände. Obwohl die Theorien des Aristoteles oft nur geringe Vorhersagekraft besaßen, beherrschte sein Wissenschaftsbegriff das abendländische Denken fast zweitausend Jahre lang.

Die christlichen Nachfolger der Griechen lehnten den Gedanken ab, dass das Universum von einem gleichgültigen Naturgesetz regiert werde. Sie verwarfen auch die Annahme, dass der Mensch in diesem Universum keine bevorzugte Stellung innehabe. Und obwohl das Mittelalter kein einziges schlüssiges philosophisches System hervorbrachte, gab es doch ein gemeinsames Thema: dass das Universum Gottes Puppenstube und die Religion ein weit

«Wenn ich eines in meiner langen Regierungszeit gelernt habe, dann, dass Wärme aufsteigt.»

lohnenderes Studienobjekt sei als die Naturerscheinungen. Und so veröffentlichte der Pariser Bischof Tempier 1277 auf Weisung des Papstes Johannes XXI. eine Liste der 219 zu verurteilenden Fehler oder Häresien. Darunter war die Idee, dass die Natur Gesetzen folge, weil sie sich nicht mit Gottes Allmacht vereinbaren lasse. Interessanterweise wurde Papst Johannes einige Monate später von den Auswirkungen des Gravitationsgesetzes getötet, als ihm das Dach seines Palastes auf den Kopf fiel.

Das moderne Konzept der Naturgesetze entstand im 17. Jahrhundert. Kepler scheint diesen Begriff als erster Wissenschaftler im Sinne der modernen Wissenschaft zu verstehen, obwohl er sich, wie gesagt, noch eine animistische Auffassung von physikalischen Objekten bewahrt hatte. In seinen ausgesprochen naturwissenschaftlichen Werken verwendete Galilei (1564–1642) den Begriff «Gesetz» nicht (obwohl er in einigen Übersetzungen dieser Werke erscheint). Doch egal, ob er das Wort verwendete oder nicht, Galilei hat eine große Anzahl von Gesetzen entdeckt und trat für das wichtige Prinzip ein, nach dem Beobachtung die Grundlage der Wissenschaft ist und der Zweck der Wissenschaft darin besteht, die quantitativen Beziehungen zwischen physikalischen Erscheinungen zu erforschen. Der Erste aber, der den Begriff der Naturgesetze, wie wir sie verstehen, explizit und streng formulierte, war René Descartes (1596–1650).

Descartes glaubte, dass alle physikalischen Phänomene als Zusammenstöße bewegter Massen erklärt werden müssten, die von drei Gesetzen regiert würden – Vorläufer von Newtons berühmten Bewegungsgesetzen. Descartes versicherte, dass diese Naturgesetze überall und jederzeit gültig seien, wobei der Gehorsam gegen diese Gesetze, wie er ausdrücklich feststellte, nicht bedeute, dass diese bewegten Körper beseelt seien. Descartes erkannte auch die Bedeutung dessen, was wir heute «Anfangsbedingungen» nennen. Diese beschreiben den Zustand eines Systems zu Anfang des Zeitintervalls, für das man Vorhersagen machen möchte. Sind die Anfangsbedingungen vorgegeben, dann bestimmen die Naturgesetze, wie sich ein System mit der Zeit entwickeln wird. Ohne diese zusätzliche Information lässt sich die Entwicklung nicht vorhersagen. Wenn beispielsweise eine Taube zum Zeitpunkt null direkt über uns etwas fallen lässt, wird die Bahn des fallenden Objekts von Newtons Gesetzen bestimmt. Doch das Ergebnis wird sehr unterschiedlich ausfallen, je nachdem, ob die Taube zum Zeitpunkt null ruhig auf einem Telefondraht sitzt oder mit 30 Stundenkilometern an uns vorbeifliegt. Um die physikalischen Gesetze anwenden zu können, müssen wir wissen, wie das System angefangen hat oder zumindest in welchem Zustand es sich zu einem bestimmten Zeitpunkt befunden hat. (Wir können ein System mit Hilfe der Gesetze auch in die Vergangenheit zurückverfolgen.)

Mit diesem neuerwachten Glauben an die Existenz von Naturgesetzen gingen neue Versuche einher, diese Gesetze mit dem Gottesbegriff in Einklang zu bringen. Laut Descartes kann Gott nach Belieben die Wahrheit oder Unwahrheit ethischer Aussagen oder mathematischer Lehrsätze verändern, nicht aber die Natur. Er glaubte, Gott habe die Naturgesetze bestimmt, aber bei den Gesetzen keine Wahl gehabt, sondern sie gewählt, weil die Gesetze, die wir erfahren, die einzig möglichen seien. Das könnte so aussehen, als würde Gottes Autorität in Frage gestellt, doch Descartes fand einen Ausweg, indem er vorbrachte, die Gesetze seien unveränderlich, weil sie Gottes innerstes Wesen widerspiegelten. Träfe das zu, könnte man meinen, Gott hätte noch die Wahl gehabt, eine Vielzahl verschiedener Welten zu erschaffen, die jeweils einem anderen Satz von Anfangsbedingungen entsprächen, doch Descartes schloss auch das aus: Ganz gleich, wie die Materie am Anfang des Universums angeordnet gewesen sei, mit der Zeit würde sich eine Welt entwickeln, die mit der unseren identisch sei. Außerdem glaubte Descartes, Gott habe die Welt, nachdem er sie in Gang gesetzt habe, vollkommen sich selbst überlassen.

Eine ähnliche Auffassung vertrat Isaac Newton (1643–1727) – allerdings mit einem wichtigen Unterschied, auf den wir unten noch näher eingehen werden. Mit seinen drei Bewegungsgesetzen und dem Gravitationsgesetz, das die Bahnen von Erde, Mond und Planeten erklärte und Aufschluss über Erscheinungen wie die Gezeiten gab, verhalf Newton dem modernen Begriff des Naturgesetzes zu allgemeiner Anerkennung. Die Handvoll Gleichungen, die er entwickelte, und das komplexe mathematische System, das wir aus ihnen hergeleitet haben, werden noch heute gelehrt und jedes Mal dann angewendet, wenn ein Architekt ein Gebäude entwirft, ein Ingenieur ein Auto konstruiert oder ein Physiker berechnet, wie eine Rakete ausgerichtet werden muss, damit sie auf dem Mars landet. Der Dichter Alexander Pope schrieb:

Natur und der Natur Gesetze
waren in Nacht gehüllt
Gott sprach: Es werde Newton!
und das All ward lichterfüllt.

Heute sind sich die meisten Wissenschaftler einig darüber, dass ein Naturgesetz eine Regel ist, die sich auf eine beobachtete Regelmäßigkeit stützt und mit ihren Vorhersagen über die unmittelbaren Situationen hinausgeht, auf die sie sich gründet. Nehmen wir an, wir bemerken, dass die Sonne zeit unseres Lebens jeden Morgen im Osten aufgeht, und postulieren daher das Gesetz «Die Sonne geht immer im Osten auf». Das ist eine Verallgemeinerung, die über unsere begrenzten Beobachtungen des Sonnenaufgangs hinausgeht und nachprüfbare Vorhersagen über die Zukunft macht. Auf der anderen Seite ist eine Aussage wie «Die Computer in diesem Büro sind schwarz» kein Naturgesetz, weil sie nur die Computer in diesem speziellen Büro betrifft und keine Vorhersage macht wie zum Beispiel: «Wenn meine Firma einen neuen Computer kauft, wird er schwarz sein.»

Unser modernes Verständnis des Begriffs «Naturgesetz» ist eine Frage, über die sich Philosophen ausgiebig streiten, und sie ist komplizierter, als man zunächst denkt. Beispielsweise vergleicht der Philosoph John W. Carroll die Aussage «Alle Goldkugeln haben einen Durchmesser von weniger als einer Meile» mit der Aussage «Alle Uran-235-Kugeln haben einen Durchmesser von weniger als einer Meile». Unsere Beobachtungen sagen uns, dass es keine Goldkugeln mit einem Durchmesser von mehr als einer Meile gibt, und wir sind uns ziemlich sicher, dass es auch nie eine geben wird. Trotzdem haben wir keinen Grund zu der Annahme, dass es nie eine geben könnte, daher kann diese Aussage nicht als Gesetz gelten. Andererseits können wir die Aussage «Alle Uran-235-Kugeln haben einen Durchmesser von weniger als einer Meile» durchaus als Naturgesetz akzeptieren, weil sich eine Uran-235-Kugel mit einem Durchmesser von mehr als 15 Zentimetern nach allem, was wir über Kernphysik wissen, in einer Kernexplosion selbst zerstören würde. Daher dürfen wir sicher sein, dass es solche Kugeln nicht gibt (auch wäre es keine gute Idee, eine herstellen zu wollen!). Diese Unterscheidung ist wichtig, weil sie zeigt, dass wir nicht alle beobachteten Verallgemeinerungen für Naturgesetze halten dürfen und dass die meisten Naturgesetze Teile eines größeren Systems miteinander verbundener Gesetze sind.

In der modernen Wissenschaft werden die Naturgesetze gewöhnlich mathematisch formuliert. Sie können entweder exakt oder angenähert sein, aber die Beobachtungen müssen gezeigt haben, dass sie ohne Ausnahme gültig sind – wenn nicht universell, so doch innerhalb eines klar definierten Gültigkeitsbereichs. Beispielsweise wissen wir, dass Newtons Gesetze modifiziert werden müssen, wenn sich Objekte nahe der Lichtgeschwindigkeit bewegen. Trotzdem reden wir weiterhin von «Newtons Gesetzen». Das, was Newton postuliert, ist nämlich durchaus in sehr guter Näherung gültig, in der Alltagswelt nämlich, wo alle Geschwindigkeiten, auf die es ankommt, viel kleiner sind als die Lichtgeschwindigkeit.

Wenn die Natur von Gesetzen regiert wird, stellen sich drei Fragen:

1. *Welchen Ursprung haben die Gesetze?*
2. *Gibt es irgendwelche Ausnahmen von den Gesetzen, das heißt Wunder?*
3. *Gibt es nur einen Satz möglicher Gesetze?*

Diese wichtigen Fragen sind von Wissenschaftlern, Philosophen und Theologen unterschiedlich beantwortet worden. Die Antwort, die früher auf die Frage gegeben wurde – die Antwort von Kepler, Galilei, Descartes und Newton –, lautete, dass die Gesetze das Werk Gottes seien. Doch so wird Gott einfach als Verkörperung der Naturgesetze definiert. Stattet man Gott nicht noch mit einigen anderen Eigenschaften aus, etwa dass er der Gott des Alten Testamentes ist, ersetzt man, wenn man Gott als Antwort auf die erste Frage verwendet, nur ein Rätsel durch ein anderes. Wenn wir Gott also in die Antwort auf die erste Frage einbeziehen, erwartet uns das eigentliche Problem in der zweiten Frage: Gibt es Wunder – Ausnahmen von den Gesetzen?

Die Meinungen über die Antwort auf die zweite Frage sind sehr geteilt. Platon und Aristoteles, die einflussreichsten griechischen Autoren, ließen keine Ausnahmen von den Gesetzen gelten. Doch wenn man sich den biblischen Standpunkt zu eigen macht, hat Gott nicht nur die Gesetze geschaffen, sondern kann auch durch Gebete dazu bewogen werden, Ausnahmen zu machen – Todkranke zu heilen, Dürreperioden frühzeitig zu beenden, Krocket wieder als olympische Disziplin zuzulassen. Im Gegensatz zu Descartes' Auffassung behaupteten fast alle christlichen Denker, Gott müsse in der Lage sein, die Gesetze vorübergehend außer Kraft zu setzen, um Wunder zu vollbringen. Sogar Newton glaubte an gewisse Wunder. Er hielt die Planetenbahnen für instabil, weil die Gravitationsanziehung, die ein Planet auf den anderen ausübt, mit der Zeit zunehmende Bahnstörungen hervorrufen müsse, sodass am Ende die Planeten entweder in die Sonne stürzen oder aus dem Sonnensystem geschleudert würden. Er glaubte, Gott müsse die Bahnen ständig nachjustieren

«Ich finde, Sie sollten hier in Schritt zwei etwas deutlicher sein.»

oder «die Himmelsuhr aufziehen», «damit sie nicht stehenbleibt». Pierre-Simon Marquis de Laplace (1749–1827) hingegen, gewöhnlich schlicht «Laplace» genannt, vertrat die Ansicht, dass die Störungen periodisch seien, sich also in regelmäßigen Abständen immer wiederholen und sich insbesondere nicht aufschaukeln würden. Mithin korrigiert sich das Sonnensystem selbst, und wir müssen keine göttliche Intervention bemühen, um zu erklären, warum es bis auf den heutigen Tag Bestand hat.

Üblicherweise wird Laplace zugeschrieben, den wissenschaftlichen Determinismus als Erster unmissverständlich postuliert zu haben: Ist der Zustand des Universums zu einem gegebenen Zeitpunkt bekannt, werden die Zukunft wie die Vergangenheit durch einen vollständigen Satz von Gesetzen restlos bestimmt. Das schließt die Möglichkeit von Wundern oder einer aktiven Rolle Gottes aus. Der wissenschaftliche Determinismus, den Laplace formulierte, ist die Antwort des modernen Wissenschaftlers auf Frage zwei. Sie ist eigentlich die Grundlage der gesamten modernen Naturwissenschaft und ein Prinzip, das überall in diesem Buch eine wichtige Rolle spielt. Ein Naturgesetz ist nicht wissenschaftlich, wenn es nur gilt, solange sich ein übernatürliches Wesen mit direkten Eingriffen zurückhält. In Erkenntnis dieses Umstands soll Napoleon Laplace gefragt haben, wie Gott in dieses Bild passe. Laplace darauf: «Diese Hypothese habe ich nicht benötigt, Sire.»

Da die Menschen im Universum leben und mit den anderen Objekten darin wechselwirken, muss der naturwissenschaftliche Determinismus auch für sie gelten. Doch viele akzeptieren zwar, dass der wissenschaftliche Determinismus die physikalischen Prozesse bestimmt, machen beim menschlichen Verhalten aber eine Ausnahme, weil sie glauben, wir haben einen freien Willen. Um die Idee des freien Willens zu bewahren, versicherte Descartes beispielsweise, der menschliche Geist sei vollkommen verschieden von der physikalischen Welt und ihren Gesetzen nicht unterworfen. Nach seiner Auffassung besteht der Mensch aus zwei Bestandteilen, einem Körper und einer Seele. Körper sind lediglich gewöhnliche Maschinen, doch die Seele ist dem wissenschaftlichen Gesetz nicht unterworfen. Descartes interessierte sich sehr für Anatomie und Physiologie und hielt die Zirbeldrüse, ein winziges Organ in der Mitte des Gehirns, für den Hauptsitz der Seele. Diese Drüse war seiner Meinung nach der Ort, wo alle unsere Gedanken gebildet werden, der Ursprung unseres freien Willens.

Haben wir Menschen einen freien Willen? Wenn dem so ist, an welcher Stelle unseres Stammbaums hat er sich dann entwickelt? Haben Blaualgen oder Bakterien einen freien Willen, oder ist ihr Verhalten automatisch und fällt damit unter das Diktat der Naturgesetze? Haben erst mehrzellige Organismen einen freien Willen oder sogar nur Säugetiere? Man möchte meinen, dass ein Schimpanse seinen freien Willen beweist, wenn er beschließt, eine Banane zu verschlingen, oder eine Katze, wenn sie Ihr Sofa zerfetzt, doch was ist mit dem Fadenwurm *Caenorhabditis elegans* – einem einfachen Geschöpf, das nur aus 959 Zellen besteht? Höchst unwahrscheinlich, dass er denkt: «Hat verdammt gut geschmeckt, die Bakterie, die ich dahinten verspeist habe», doch auch er hat klare Nahrungspräferenzen und wird sich, je nach seinen früheren Erfahrungen, entweder mit einer wenig verlockenden Mahlzeit zufriedengeben oder sich auf die Suche nach etwas Besserem machen. Beweist er damit freien Willen?

Obwohl wir glauben, dass wir entscheiden können, wie wir handeln, zeigen die Erkenntnisse der Molekularbiologie, dass biologische Prozesse den Gesetzen der Physik und Chemie unterworfen und daher genauso determiniert sind wie die Planetenbahnen. Jüngere neurowissenschaftliche Experimente bestätigen die Auffassung, dass unser materielles, den bekannten naturwissenschaftlichen Gesetzen unterworfenes Gehirn – und nicht irgendeine Instanz außerhalb dieser Gesetze – unser Handeln bestimmt. Eine Studie an Patienten, die im Wachzustand einer Gehirnoperation unterzogen wurden, zeigte beispielsweise, dass bei den Patienten durch elektrische Reizung entsprechender Hirnregionen der Wunsch hervorgerufen werden konnte, Hand, Arm, Fuß oder auch die Lippen zu bewegen und zu sprechen. Es ist schwer vorstellbar, wie sich der freie Wille Geltung verschaffen kann, wenn unser Verhalten vom physikalischen Gesetz bestimmt wird. Daher hat es den Anschein, dass wir lediglich biologische Maschinen sind und dass der freie Wille nur eine Illusion ist.

Mag menschliches Verhalten auch durch die Naturgesetze determiniert sein, so müssen wir doch vernünftigerweise annehmen, dass das Ergebnis von zu komplizierten Prozessen und zu vielen Variablen abhängt, um sich in der Praxis irgendwie vorhersagen zu lassen. Dazu müssten wir den Anfangszustand jedes der tausend Billionen Billionen Moleküle im menschlichen Körper kennen und in etwa die gleiche Anzahl von Gleichungen lösen. Dazu würden wir ein paar Milliarden Jahre brauchen, sodass wir uns wahrscheinlich zu spät ducken würden, um dem Schlag unseres Gegenübers auszuweichen.

Da die Vorhersage menschlichen Verhaltens mit Hilfe der grundlegenden physikalischen Gesetze zu unpraktisch ist, halten wir uns an eine sogenannte effektive Theorie. In der Physik ist eine effektive Theorie ein Gerüst, mit dem sich bestimmte beobachtete Phänomene modellieren lassen, ohne alle fundamentalen Prozesse im Detail zu beschreiben. Beispielsweise können wir die Gleichungen, die die gravitativen Wechselwirkungen jedes Atoms im Körper eines Menschen mit jedem Atom in der Erde bestimmen, nicht exakt lösen. In der Praxis lässt sich die Gravitationskraft zwischen einem Menschen und der Erde aber bereits mit Hilfe einiger weniger Werte, etwa der Gesamtmasse des Menschen, gut beschreiben. Genauso wenig können wir die Fülle der Gleichungen lösen, die das Verhalten komplexer Atome und Moleküle regeln, aber wir haben eine effektive Theorie namens Chemie entwickelt, die eine angemessene Erklärung für das Verhalten von Atomen und Molekülen bei chemischen Reaktionen liefert, ohne alle Einzelheiten der ganzen Wechselwirkungen zu berücksichtigen. Da wir beim Menschen nicht die Gleichungen lösen können, die sein Verhalten bestimmen, verwenden wir die effektive Theorie, dass er einen freien Willen hat. Die Lehre von unserem Willen und des aus ihm resultierenden Verhaltens ist die Psychologie. Auch die Wirtschaftswissenschaft ist eine effektive Theorie, gestützt auf den Begriff des freien Willens und die Annahme, dass Menschen ihre verschiedenen Handlungsmöglichkeiten bewerten und die beste auswählen. Diese effektive Theorie ist nur mäßig erfolgreich bei der Vorhersage von Verhalten, weil, wie wir alle wissen, Entscheidungen häufig nicht rational getroffen werden oder auf einer mangelhaften Analyse der Konsequenzen beruhen. Deshalb ist die Welt in einem so lausigen Zustand.

In der dritten Frage geht es darum, ob die Gesetze, die das Universum und das menschliche Verhalten bestimmen, einzigartig sind. Wenn Sie auf die erste Frage antworten, Gott habe die Gesetze geschaffen, dann lautet diese Frage: Hatte Gott irgendwelchen Spielraum bei der Wahl der Gesetze? Aristoteles und Platon attestierten wie Descartes und später Einstein den Prinzipien der Natur «Notwendigkeit», weil sie die einzigen logisch sinnvollen Regeln seien. Da Aristoteles an den logischen Ursprung der Naturgesetze glaubte, waren er und seine Nachfolger davon überzeugt, dass man diese Gesetze «herleiten» könne, ohne dem tatsächlichen Verhalten der Natur allzu viel Aufmerksamkeit zu schenken. Dieser Umstand und die Tatsache, dass er sich auf die Frage konzentrierte, «warum» es die Regeln gibt, statt sich mit den Einzelheiten der Regeln zu beschäftigen, führten ihn zu vorwiegend qualitativen Gesetzen, die sich häufig als falsch und jedenfalls als wenig nützlich erwiesen haben, obwohl sie das wissenschaftliche Denken viele Jahrhunderte lang beherrschten. Erst viel später wagten Gelehrte wie Galilei, die Autorität des Aristoteles in Frage zu stellen und das tatsächliche Verhalten der Natur zu beobachten, anstatt zu verkünden, wie es nach Maßgabe der reinen «Vernunft» zu sein hätte.

Dieses Buch stützt sich ganz und gar auf das Konzept des wissenschaftlichen Determinismus, woraus folgt, dass die Antwort auf die Frage zwei lautet: Es gibt keine Wunder oder Ausnahmen von den Naturgesetzen. Wir werden jedoch eingehend auf die Fragen eins und drei zurückkommen – wie die Gesetze entstanden und ob sie die einzig möglichen Gesetze sind. Zunächst aber werden wir im folgenden Kapitel untersuchen, was die Naturgesetze eigentlich beschreiben. Die meisten Wissenschaftler würden sagen, sie seien das mathematische Abbild einer äußeren Wirklichkeit, die unabhängig von der Wahrnehmung des Beobachters existiert. Doch wenn wir darüber nachdenken, wie wir beobachten und uns einen Begriff von unserer Umgebung machen, stoßen wir auf die Frage: Haben wir wirklich Grund zu der Annahme, dass es eine objektive Wirklichkeit gibt?

Kapitel 3

Was ist Wirklichkeit?

UNITED STATES
20c

Vor einigen Jahren verbot der Stadtrat der italienischen Stadt Monza, Goldfische in Kugelaquarien zu halten. Der Initiator erklärte das Verbot unter anderem damit, dass es grausam sei, einen Fisch in einer Goldfischkugel zu halten, da er beim Blick durch die gekrümmten Wände ein verzerrtes Bild der Wirklichkeit erhalte. Doch woher wissen wir, dass wir das wahre, unverzerrte Bild der Wirklichkeit sehen? Könnten wir uns nicht selbst in einer großen Goldfischkugel befinden, unsere Wahrnehmung von einer riesigen Linse verzerrt? Das Bild, das der Goldfisch von der Wirklichkeit hat, ist von dem unseren verschieden, aber können wir sicher sein, dass es weniger real ist?

Die Perspektive der Goldfische ist von unserer verschieden, sie könnten jedoch trotzdem Naturgesetze formulieren, welche die Bewegung der Objekte außerhalb ihrer Kugel beschreiben. Beispielsweise würde ein Objekt, das sich nach unserer Beobachtung geradlinig bewegt, aus Sicht des Goldfisches einer gekrümmten Bahn folgen. Dessen ungeachtet könnten die Goldfische von ihrem verzerrten Bezugssystem aus allgemeingültige Naturgesetze formulieren, die es ihnen ermöglichen würden, Vorhersagen über die künftige Bewegung von Objekten außerhalb der Kugel zu machen. Ihre Gesetze wären komplizierter als die Gesetze in unserem Bezugssystem, aber Einfachheit ist eine Frage des Geschmacks. Würden die Goldfische eine solche Theorie formulieren, so müssten wir ihre Auffassung als ebenso gültiges Bild der Wirklichkeit anerkennen.

Ein berühmtes Beispiel für ein anderes Wirklichkeitsbild ist das Modell, das etwa 150 n. Chr. von Ptolemäus (um 85–um 165) eingeführt wurde, um die Bewegung der Himmelskörper zu beschreiben. Ptolemäus veröffentlichte seine Arbeit in einer dreizehn Bände umfassenden Abhandlung, die zumeist unter ihrem arabischen Titel *Almagest* bekannt ist. Der *Almagest* beginnt mit der Darlegung der Gründe für die Annahme, dass die Erde rund und unbewegt sei, sich im Mittelpunkt des Universums befinde und so klein sei, dass man ihre Größe im Vergleich zum riesigen Abstand des Himmels vernachlässigen könne. Trotz des heliozentrischen Modells von Aristarch hingen die meisten gebildeten Griechen dieser Auffassung zumindest seit der Zeit des Aristoteles an, der die Erde aus mystischen Gründen für den Mittelpunkt des Universums hielt.

Im ptolemäischen Modell stand die Erde unbewegt im Mittelpunkt, während die Planeten und Sterne sie in komplizierten Bahnen um-

DAS PTOLEMÄISCHE UNIVERSUM – *Nach Auffassung des Ptolemäus lebten wir im Mittelpunkt des Universums.*

kreisten, bei denen Epizyklen – Kreise auf Kreisen – eine Rolle spielen.

Dieses Modell scheint natürlich zu sein, weil wir nicht spüren, wie sich die Erde unter unseren Füßen bewegt (abgesehen von Erdbeben und Augenblicken der Leidenschaft). Später stützten sich die europäischen Gelehrten auf die überlieferten griechischen Quellen, sodass die Lehren des Aristoteles und Ptolemäus weitgehend zur Grundlage des abendländischen Denkens wurden. Das ptolemäische Modell des Kosmos wurde von der katholischen Kirche übernommen und blieb vierzehn Jahrhunderte lang ein Teil der offiziellen Lehre. Erst 1543 schlug Kopernikus ein anderes Modell in seinem Buch *De revolutionibus orbium coelestium* («Über die Umläufe der Himmelskörper») vor, das erst ein Jahr vor seinem Tod erschien (obwohl er mehrere Jahrzehnte an seiner Theorie gearbeitet hatte).

Kopernikus beschrieb – wie Aristarch rund siebzehn Jahrhunderte zuvor – eine Welt mit einer unbewegten Sonne, die von den Planeten auf kreisförmigen Bahnen umlaufen wird. Obwohl die Idee nicht neu war, stieß ihre Wiederbelebung auf erbitterten Widerstand. Man behauptete, das kopernikanische Modell stehe im Widerspruch zur Bibel, die nach offizieller

Auslegung verkündete, dass die Planeten sich um die Erde bewegten – obwohl das in der Bibel nirgends eindeutig zum Ausdruck kommt. Schließlich wurde die Bibel zu einer Zeit geschrieben, als die Menschen noch glaubten, die Erde sei eine Scheibe. Das kopernikanische Modell löste eine heftige Debatte über die Frage aus, ob die Erde unbewegt sei, und gipfelte 1633 in dem Ketzerprozess, der Galilei gemacht wurde, weil er das kopernikanische Modell vertrat und meinte, «er dürfe eine Meinung als wahrscheinlich vertreten und verteidigen, nachdem sie als im Widerspruch zur Heiligen Schrift stehend erklärt und definiert worden ist». Er wurde schuldig gesprochen, zu lebenslangem Hausarrest verurteilt und zum Widerruf gezwungen. *Eppur si muove* («Und sie bewegt sich doch»), soll er beim Verlassen des Gerichtssaals gemurmelt haben. 1992 gestand die römisch-katholische Kirche endlich ein, Galilei zu Unrecht verurteilt zu haben.

Welches System entspricht der Wirklichkeit, das ptolemäische oder das kopernikanische? Zwar heißt es nicht selten, Kopernikus habe Ptolemäus widerlegt, doch das ist nicht richtig. Wie bei dem Vergleich unserer normalen Wahrnehmung mit der des Goldfischs kann man jede der beiden Darstellungsweisen als Modell des Universums verwenden, denn unsere Himmelsbeobachtungen lassen sich ebenso durch die Annahme einer unbewegten Erde wie einer unbewegten Sonne erklären. Ungeachtet seiner Rolle in Debatten über das Wesen unseres Universums liegt der eigentliche Vorteil des kopernikanischen Systems einfach darin, dass die Bewegungsgleichungen in einem Bezugssystem mit unbewegter Sonne viel einfacher sind.

Eine andere Art alternativer Wirklichkeit begegnet uns in dem Science-Fiction-Film *Matrix*, in dem die Menschheit ohne ihr Wissen in einer simulierten virtuellen Realität lebt, die von intelligenten Computern erzeugt wird, um sie in einem Zustand der Ruhe und Zufriedenheit zu halten, während die Computer ihnen ihre bioelektrische Energie (was immer das sein mag) abzapfen. Vielleicht ist das gar nicht so weit hergeholt, verbringen doch viele Menschen ihre Zeit lieber in der simulierten Realität von Websites wie *Second Life*. Woher wissen wir, dass wir nicht einfach Figuren einer computergenerierten Seifenoper sind? Würden wir in einer künstlichen imaginären Welt leben, so würden die Ereignisse nicht notwendigerweise eine bestimmte Logik oder Konsistenz haben beziehungsweise irgendwelchen Gesetzen gehorchen. Die das Ganze inszenierenden Außerirdischen könnten es im Gegenteil interessanter oder amüsanter finden, unsere Reaktionen zu beobachten, wenn sich beispielsweise der Vollmond in zwei Hälften teilt oder alle Menschen, die eine Diät machen, ein unwiderstehliches Verlangen nach Bananentorte bekämen. Würden die Außerirdischen allerdings widerspruchsfreie Gesetze einführen, könnten wir beim besten Willen nicht entscheiden, ob es hinter der simulierten Wirklichkeit noch eine andere gibt. Es wäre leicht, die Welt, in der die Außerirdischen leben, als die «wirkliche» und die synthetische als die «falsche» zu bezeichnen, doch wenn die Wesen in der simulierten Welt – wie wir – nicht von außen in ihr Universum blicken könnten, hätten sie keinen Grund, an ihrem eigenen Wirklichkeitsbild zu zweifeln. Das ist eine moderne Version der Idee, dass wir alle Phantasiegebilde im Traum eines anderen sind.

Diese Beispiele führen uns zu einer Schlussfolgerung, die wichtig für dieses Buch sein wird: *Es gibt keinen abbild- oder theorieunabhängigen Realitätsbegriff.* Stattdessen werden wir uns eine Auffassung zu eigen machen, die wir *modellabhängigen Realismus* nennen wollen: die Vorstellung, dass eine physikalische Theorie oder ein Weltbild ein (meist mathematisches) Modell ist und einen Satz Regeln besitzt, die die

«Dies ist eine Aufzeichnung.»
«Stört mich nicht. Ich bin ein Hologramm.»

Elemente des Modells mit den Beobachtungen verbinden. Das liefert uns ein Gerüst zur Interpretation der modernen Wissenschaft.

Seit Platon streiten die Philosophen über das Wesen der Wirklichkeit. Die klassische Naturwissenschaft beruht auf der Überzeugung, dass es eine reale Außenwelt gibt, deren Eigenschaften eindeutig und von dem wahrnehmenden Beobachter unabhängig sind. Laut der klassischen Naturwissenschaft existieren bestimmte Objekte, die physikalische Eigenschaften wie etwa Geschwindigkeit und Masse mit jeweils wohldefinierten Werten haben. Nach dieser Auffassung sind unsere Theorien Versuche, diese Objekte und ihre Eigenschaften zu beschreiben, und unsere Messungen und Wahrnehmungen lassen sich direkt diesen Objekten und ihren Eigenschaften zuordnen. Sowohl Beobachter wie Beobachtungsgegenstand sind Teile einer Welt, die objektiv existiert, und es ist keine sinnvolle Unterscheidung zwischen ihnen möglich. Mit anderen Worten: Wenn Sie eine Herde Zebras sehen, die um einen Stellplatz in einem Parkhaus kämpfen, so liegt das daran, dass dort wirklich Zebras um einen Stellplatz in einem Parkhaus kämpfen. Alle anderen Beobachter, die das Geschehen betrachten, werden die gleichen Eigenschaften messen, und die Herde wird diese Eigenschaften haben, ob jemand sie beobachtet oder nicht. In der Philosophie wird diese Überzeugung als Realismus bezeichnet.

Zwar mag der Realismus ein verlockender Standpunkt sein, doch ist er, wie wir später sehen werden, nach allem, was wir über die moderne Physik wissen, schwer zu verteidigen. Beispielsweise hat ein Teilchen nach den Prinzipien der Quantenphysik, die eine zutreffende Beschreibung der Natur ist, weder einen bestimmten Aufenthaltsort noch eine bestimmte Geschwindigkeit, wenn und solange diese Größen nicht von einem Beobachter gemessen werden. Daher ist es *nicht* korrekt, wenn wir sagen, eine Messung liefere ein bestimmtes Ergebnis, weil die gemessene Größe diesen Wert zum Zeitpunkt der Messung gehabt habe. Tatsächlich haben in einigen Fällen einzelne Objekte noch nicht einmal eine unabhängige Existenz, sondern existieren nur als Elemente einer Gesamtheit von vielen Teilen. Und falls sich das sogenannte holografische Prinzip als richtig erweisen sollte, sind wir und unsere vierdimensionale Welt möglicherweise nur Schatten auf dem Rand einer größeren, fünfdimensionalen Raumzeit. In diesem Fall ist unsere Stellung im Universum analog zu der des Goldfischs.

Strenge Realisten vertreten häufig die Auffassung, der Beweis dafür, dass wissenschaftliche Theorien die Wirklichkeit darstellten, liege in ihrem Erfolg. Doch verschiedene Theorien können dasselbe Phänomen mittels grundverschiedener begrifflicher Bezugssysteme beschreiben. Tatsächlich wurden viele wissenschaftliche Theorien, die sich als erfolgreich erwiesen hatten, später durch ebenso erfolgreiche, auf ganz anderen Konzepten und Grundbegriffen beruhende Theorien ersetzt.

Gewöhnlich bezeichnet man die Gegner des Realismus als «Antirealisten». Antirealisten unterscheiden zwischen empirischer und theoretischer Erkenntnis. In der Regel vertreten sie die Auffassung, dass zwar Beobachtung und Experiment durchaus eine Bedeutung zukomme, dass aber Theorien lediglich nützliche Instrumente darstellten, die aber nicht Ausdruck tieferer, den beobachteten Phänomenen zugrundeliegender Wahrheiten sind. Einige Antirealisten waren denn auch bestrebt, die Wissenschaft ganz auf Dinge zu beschränken, die wir beobachten können. Aus diesem Grund lehnten im 19. Jahrhundert viele Gelehrte den Begriff des Atoms ab, da man doch niemals eines sehen werde. George Berkeley (1685–1753) ging sogar so weit zu behaupten, dass nichts außer dem Bewusstsein und seinen Vorstellungen existiere. Als ein Freund zum englischen Schriftsteller und Lexikografen Dr. Samuel Johnson (1709–1784) meinte, Berkeleys Behauptung lasse sich unmöglich widerlegen, soll Johnson zu einem großen Stein gegangen sein, dagegen getreten und ausgerufen haben: «So widerlege ich ihn.» Natürlich war auch der Schmerz, den Dr. Johnson in seinem Fuß spürte, nur ein Phänomen in seinem Bewusstsein, daher hat er Berkeleys Auffassung nicht wirklich widerlegt. Allerdings veranschaulicht sein Fußtritt die Ansicht des Philosophen David Hume (1711–1776), der schrieb, auch wenn wir keine Vernunftgründe für den Glauben an eine objektive Wirklichkeit hätten, seien wir doch gezwungen zu handeln, als wenn er wahr wäre.

Modellabhängiger Realismus umgeht all diese Streitereien und Diskussionen zwischen der realistischen und der antirealistischen Schule. Laut modellabhängigem Realismus ist die Frage sinnlos, ob ein Modell real ist – entscheidend ist nur, ob es mit der Beobachtung übereinstimmt. Wenn wir zwei Modelle haben, die sich beide mit den Beobachtungen decken, wie das Weltbild des Goldfischs und das unsere, so können wir nicht sagen, das eine sei realer als das andere. Wir können jeweils das Modell verwenden, das in der betrachteten Situation praktischer ist.

Wären wir beispielsweise in der Kugel, wäre das Wirklichkeitsbild des Goldfischs nützlicher. Für Beobachter außerhalb der Kugel wäre es dagegen mühsam, Ereignisse in einer fernen Galaxie im Bezugssystem einer Goldfischkugel auf der Erde zu beschreiben, zumal die Kugel sich

«Sie haben beide etwas gemeinsam. Dr. Davis hat ein Teilchen entdeckt, das noch nie jemand gesehen hat, und Dr. Higbe hat eine Galaxie entdeckt, die noch nie jemand gesehen hat.»

bewegen würde, da die Erde die Sonne umkreist und um ihre eigene Achse rotiert.

Wir fertigen Modelle in der Wissenschaft an, aber auch im Alltag. Modellabhängiger Realismus gilt nicht nur für wissenschaftliche Modelle, sondern auch für die bewussten und unbewussten mentalen Modelle, die wir alle schaffen, um unsere alltägliche Welt zu deuten und zu verstehen. Es gibt keine Möglichkeit, unsere Wahrnehmung der Welt unabhängig vom Beobachter – von uns – zu beschreiben, denn sie wird nun einmal durch unsere sensorische Verarbeitung erzeugt und die Art und Weise, wie wir denken und urteilen. Unsere Wahrnehmung – und damit die Beobachtungen, auf die sich unsere Theorien stützen – ist nicht unmittelbar, sondern wird durch eine Art Linse geprägt, die Deutungsstrukturen unseres Gehirns.

Modellabhängiger Realismus entspricht der Art und Weise, wie wir Objekte wahrnehmen. Beim Sehen empfängt unser Gehirn über den Sehnerv eine Reihe von Signalen. Allerdings formen diese Signale kein Bild, das Sie in Ihrem Fernsehgerät akzeptieren würden. Dort, wo der Sehnerv mit der Netzhaut verbunden ist, gibt es einen blinden Fleck, und der einzige Bereich unseres Gesichtsfelds mit gutem Auflösungsvermögen ist ein engbegrenztes Areal im Zentrum der Netzhaut von etwa 1 Grad des Gesichtswinkels – ein Areal von der Breite unseres Daumens, wenn wir ihn auf Armeslänge entfernt halten. So wird also ein arg verzerrtes Bild mit einem Loch in der Mitte als Rohmaterial an das Gehirn gesandt. Glücklicherweise verarbeitet das menschliche Gehirn diese Daten, indem es den Input aus beiden Augen zusammenfasst und – von der Annahme ausgehend, dass die visuellen

Eigenschaften benachbarter Bereiche ähnlich sind – die Lücken interpolierend füllt. Außerdem liest es von der Netzhaut eine zweidimensionale Datenmatrix ab und erzeugt damit den Eindruck eines dreidimensionalen Raums. Mit anderen Worten, das Gehirn erzeugt ein mentales Bild oder Modell.

Das Gehirn versteht sich hervorragend auf die Modellerzeugung: Wenn man jemandem eine Brille aufsetzt, die die Bilder in seinen Augen auf den Kopf stellt, verändert sein Gehirn das Modell nach einiger Zeit so, dass er die Dinge wieder richtig herum wahrnimmt. Nimmt man ihm die Brille ab, sieht er die Welt wieder eine Weile auf dem Kopf stehen, bis das Gehirn eine erneute Anpassung vorgenommen hat. Die Aussage «Ich sehe einen Stuhl» bedeutet also lediglich, dass man mit dem vom Stuhl gestreuten Licht ein mentales Bild oder Modell des Stuhls geschaffen hat. Sollte das Modell auf dem Kopf stehen, wird das Gehirn es im günstigsten Falle korrigieren, bevor man versucht, sich auf den Stuhl zu setzen.

Der modellabhängige Realismus löst – oder vermeidet zumindest – auch die schwierige Frage, was Existenz bedeutet. Woher weiß ich, dass ein Tisch noch existiert, wenn ich aus dem Zimmer gehe und ihn nicht sehen kann? Was bedeutet es, wenn man sagt, dass Dinge existieren, die wir überhaupt nicht sehen können, Elektronen etwa oder Quarks – die Teilchen, aus denen das Proton und das Neutron bestehen sollen? Man könnte ein Modell haben, in dem der Tisch verschwindet, wenn ich das Zimmer verlasse, und an der gleichen Stelle wiederauftaucht, wenn ich zurückkomme, doch das wäre mühsam – und was wäre, wenn etwas geschähe, während ich draußen wäre, beispielsweise die Decke einstürzte? Wie könnte ich mit dem Der-Tisch-verschwindet-wenn-ich-das-Zimmer-verlasse-Modell erklären, dass der Tisch, wenn ich wieder ins Zimmer komme, zerbrochen unter den Trümmern der Decke liegt? Das Modell, nach dem der Tisch bleibt, wo er ist, ist viel einfacher und deckt sich mit der Beobachtung. Mehr können wir nicht verlangen.

Im Fall der subatomaren Teilchen, die wir nicht sehen können, sind Elektronen ein nützliches Modell zur Erklärung von Beobachtungen wie Spuren in einer Nebelkammer, Lichtpunkte auf einer Fernsehröhre und viele andere Phänomene. Es heißt, das Elektron sei 1897 von dem britischen Physiker J. J. Thomson am Cavendish Laboratory der Cambridge University entdeckt worden. Er experimentierte mit elektrischen Strömen in leeren Glasröhren, sogenannten

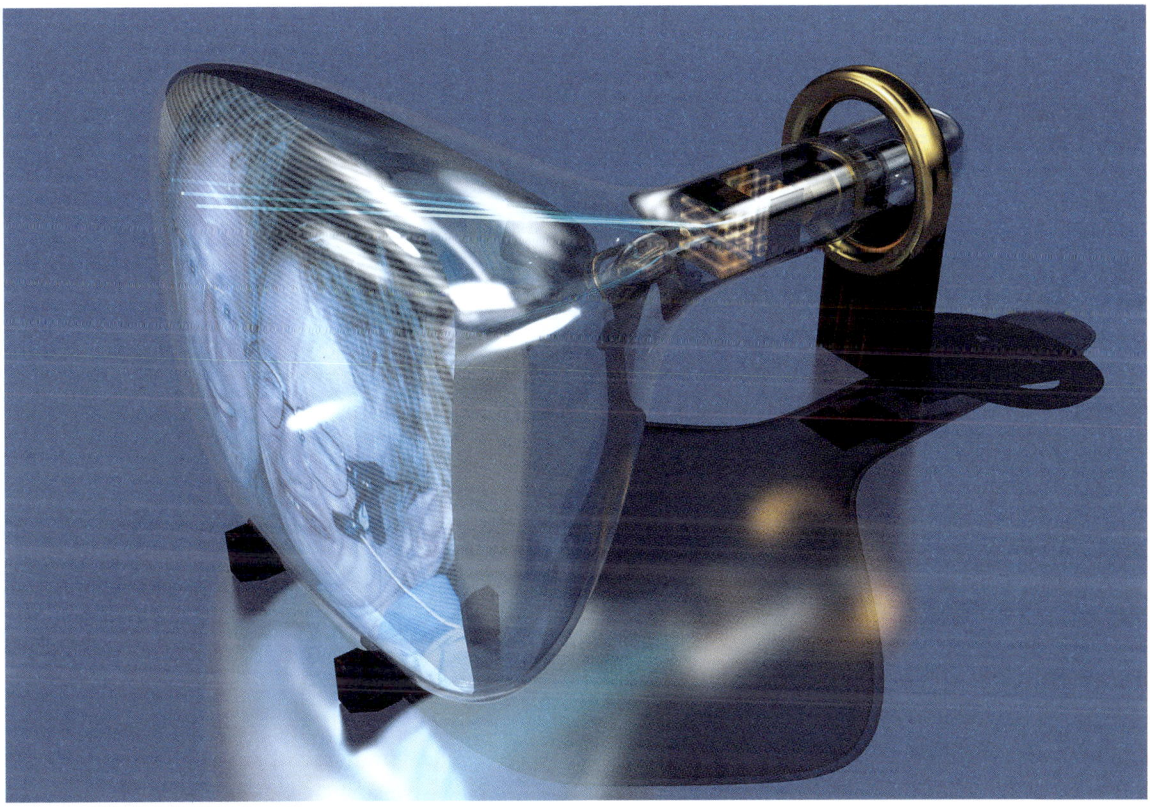

KATHODENSTRAHLEN – *Wir können die einzelnen Elektronen zwar nicht sehen, wohl aber die von ihnen hervorgerufenen Wirkungen.*

Kathodenstrahlen. Seine Experimente führten ihn zu dem kühnen Schluss, die geheimnisvollen Strahlen bestünden aus winzigen «Korpuskeln» – materiellen Bestandteilen der Atome, die man bislang für die unteilbaren fundamentalen Materieeinheiten gehalten hatte. Thomson «sah» kein Elektron, auch wurde seine Spekulation nicht direkt oder eindeutig von seinen Experimenten bewiesen. Doch das Modell hat sich bei Anwendungen von der Grundlagenforschung bis zur Technik als unentbehrlich erwiesen, und heute glauben alle Physiker an Elektronen, obwohl sie sie nicht sehen können.

Quarks, die wir auch nicht sehen können, sind ein Modell, das die Eigenschaften der Protonen und Neutronen im Kern eines Atoms erklärt. Obwohl angenommen wird, dass Protonen und Neutronen aus Quarks bestehen, werden wir nie ein Quark beobachten, weil die Bindungskraft zwischen Quarks mit ihrem Abstand voneinander zunimmt und daher in der Natur keine isolierten, freien Quarks existieren können. Stattdessen treten Quarks immer in Dreiergruppen auf (z. B. Protonen und Neutronen) oder in Paaren von einem Quark und einem Antiquark (z. B. Pi-Mesonen) und verhalten sich, als wären sie durch Gummibänder verbunden.

Die Frage, ob man sinnvollerweise sagen könne, dass Quarks wirklich existieren, wenn sich nie eines isolieren lässt, wurde in den Jahren nach Einführung des Quark-Modells kontrovers diskutiert. Der Gedanke, dass bestimmte Teilchen aus verschiedenen Kombinationen einiger weniger «sub-subnuklearer Teilchen» bestünden, lieferte ein Organisationsprinzip, das eine einfache und ansprechende Erklärung ihrer Eigenschaften erlaubte. Doch obwohl Physiker daran gewöhnt waren, Teilchen zu akzeptieren, auf deren Existenz nur daraus geschlossen werden konnte, wie sich die Häufigkeiten bestimmter Reaktionen bei bestimmten Energien der aufeinander geschossenen Teilchen veränderten, war die Vorstellung, einem Teilchen, das möglicherweise prinzipiell unbeobachtbar war, Realität zuzubilligen, für zahlreiche Physiker zu viel. Im Laufe der Jahre führte das Quarkmodell jedoch zu so vielen richtigen Vorhersagen, dass der Widerstand erlahmte. Es ist sicherlich möglich, dass irgendwelche Außerirdische mit siebzehn Armen, Infrarotaugen und der Angewohnheit, Schlagsahne aus den Ohren zu blasen, die gleichen experimentellen Beobachtungen wie wir machen, sie aber ohne Quarks beschreiben. Wie dem auch sei, gemäß dem modellabhängigen Realismus existieren Quarks in einem Modell, das mit unseren Beobachtungen über das Verhalten subnuklearer Teilchen übereinstimmt.

Der modellabhängige Realismus kann einen theoretischen Rahmen für die Diskussion von Fragen wie den folgenden liefern: Wenn

QUARKS – *Das Konzept der Quarks ist ein unentbehrliches Element unserer fundamentalen physikalischen Theorien, obwohl sich einzelne Quarks nicht beobachten lassen.*

die Welt vor endlicher Zeit entstand, was geschah dann davor? Der frühchristliche Philosoph Augustinus (354–430) sagte, die Antwort laute nicht, dass Gott die Hölle für Menschen geschaffen habe, die solche Fragen stellten, sondern die Zeit sei eine Eigenschaft der von Gott geschaffenen Welt und habe vor der – von ihm später angesetzten – Schöpfung nicht existiert. Dies ist ein mögliches Modell und wird von Menschen favorisiert, die die biblische Schöpfungsgeschichte beim Wort nehmen, obwohl es fossile und andere Belege gibt, die auf ein weit höheres Alter der Erde schließen lassen. (Wurden sie ausgelegt, um uns hinters Licht zu führen?) Man kann auch ein anderes Modell haben, in dem die Zeit 13,7 Milliarden Jahre bis zum Urknall zurückreicht. Dieses Modell, das unsere gegenwärtigen Beobachtungen, einschließlich der historischen und geologischen Daten, am umfassendsten erklärt, ist die beste uns zur Verfügung stehende Darstellung der Vergangenheit. Es kann die fossilen und radioaktiven Befunde plausibel deuten und die Tatsache erklären, dass wir das Licht von Galaxien empfangen, die Millionen Lichtjahre von uns entfernt sind, daher ist dieses Modell – die Urknalltheorie – nützlicher als das erste. Trotzdem können wir von keinem der beiden Modelle sagen, es sei realer als das andere.

Einige Leute propagieren ein Modell, in dem die Zeit über den Urknall hinaus zurückreicht. Noch ist unklar, ob ein solches Modell gegenwärtige Beobachtungen besser erklären könnte, weil es den Anschein hat, als würden die Entwicklungsgesetze des Universums beim Urknall ihre Geltung verlieren. In diesem Fall wäre es sinnlos, ein Modell zu entwickeln, das die Zeit vor dem Urknall einschließt, weil alles, was damals existierte, keine beobachtbaren Konsequenzen für die Gegenwart hätte, daher könnten wir genauso gut bei der Annahme bleiben, dass der Urknall die Schöpfung der Welt war.

Ein Modell ist gut, wenn es:

1. *elegant ist,*
2. *nur wenige willkürliche oder solche Elemente enthält, die sich gezielt anpassen lassen,*
3. *mit den vorhandenen Beobachtungen übereinstimmt und sie erklärt,*
4. *detaillierte Vorhersagen über zukünftige Beobachtungen macht, die das Modell widerlegen oder falsifizieren können, wenn sie sich nicht bewahrheiten.*

Beispielsweise war die Theorie des Aristoteles, dass die Welt aus den vier Elementen Erde, Luft, Feuer und Wasser bestehe und dass Körper bestrebt seien, ihren Zweck zu erfüllen, elegant und enthielt keine willkürlich anpassbaren Elemente. Doch in vielen Fällen machte diese Theorie keine eindeutigen Vorhersagen, und

wenn doch, stimmten die Vorhersagen nicht immer mit den Beobachtungen überein. Eine dieser Vorhersagen lautete, dass schwere Körper schneller fallen müssten, da ihr Zweck das Fallen sei. Offenbar hatte es vor Galilei niemand

BRECHUNG – *Newtons Lichtmodell konnte erklären, warum Licht beim Übergang von einem Medium in ein anderes seine Richtung ändert, nicht aber ein anderes Phänomen, das wir heute «Newton'sche Ringe» nennen.*

für notwendig gehalten, diese These zu überprüfen. Es wird erzählt, er habe dazu Gewichte vom Schiefen Turm von Pisa fallen lassen. Diese Geschichte ist nicht belegt, aber wir wissen, dass er Kugeln verschiedenen Gewichts eine schiefe Ebene hinabrollen ließ und beobachtete, dass sie alle entgegen der Vorhersage des Aristoteles in gleichem Maße schneller wurden.

Die obengenannten Kriterien sind offensichtlich subjektiv. Beispielsweise lässt sich Eleganz nicht leicht messen, aber sie wird von Wissenschaftlern sehr geschätzt, da wir von Naturgesetzen erwarten, dass sie eine Anzahl besonderer Fälle in einer einfachen Formel zusammenfassen. Eleganz bezieht sich auf die Form einer Theorie, steht aber in engem Zusammenhang mit dem Ausbleiben direkt anpassbarer Elemente, da eine Theorie mit vielen willkürlich gewählten Zutaten nicht sehr elegant ist. In Anlehnung an Einstein können wir sagen: Eine Theorie sollte so einfach wie möglich, aber nicht noch einfacher sein. Ptolemäus ergänzte die kreisförmigen Umlaufbahnen der Himmelskörper durch Epizyklen, damit sein Modell ihre Bewegung hinreichend genau beschrieb. Durch Hinzufügung von Epizyklen zu den Epizyklen und weiterer Epizyklen zu jenen hätte man das Modell noch genauer machen können. Obwohl also zusätzliche Komplexität zur Genauigkeit des Modells hätte beitragen können, empfinden Naturwissenschaftler ein Modell, das derart zurechtgebogen wird, um einem bestimmten Satz von Beobachtungen zu entsprechen, als unbefriedigend – eher als einen Datenkatalog denn als eine Theorie, der man die Verkörperung eines nützlichen Prinzips zutrauen würde.

In Kapitel 5 werden wir sehen, dass viele Fachleute das sogenannte Standardmodell der Elementarteilchenphysik, das die Wechselwirkungen der in der Natur vorkommenden Elementarteilchen beschreibt, als unelegant ansehen. Dieses Modell ist weit erfolgreicher als die Epizyklen des Ptolemäus. Es sagte die Existenz etlicher neuer Teilchen vorher, bevor sie beobachtet worden waren, und hat über Jahrzehnte hinweg die Ergebnisse zahlreicher Experimente mit großer Genauigkeit beschrieben. Doch es enthält Dutzende freier Parameter, deren Werte sich nicht direkt aus der Theorie ergeben, sondern die erst anhand von Messungen bestimmt werden müssen.

Zum vierten Punkt: Wissenschaftler sind immer beeindruckt, wenn sich neue und verblüffende Vorhersagen als richtig herausstellen. Wenn andererseits ein Modell mangelhaft ist, heißt es nicht selten, das Experiment sei falsch gewesen. Falls sich das nicht bewahrheitet, wird häufig nicht das Modell aufgegeben, sondern der Versuch unternommen, es durch Abänderungen zu retten. Obwohl Physiker mit großer Hartnäckigkeit versuchen, Theorien zu bewahren, die sie bewundern, nimmt die Bereitschaft, eine Theorie zu verändern, in dem Maße ab, wie die Modifikationen künstlich und schwerfällig und damit «unelegant» werden.

Werden die Abänderungen, die zur Einbeziehung neuer Beobachtungen erforderlich sind, zu bizarr, ist das ein Zeichen für die Notwendigkeit eines neuen Modells. Ein Beispiel für ein altes Modell, das unter dem Gewicht neuer Beobachtungen den Platz räumen musste, war die Idee eines statischen, also zeitlich unveränderlichen Universums. In den zwanziger Jahren glaubten die meisten Physiker, das Universum sei statisch. 1929 veröffentlichte Edwin Hubble dann seine Beobachtungen, die zeigten, dass das Universum expandiert. Doch Hubble hatte die Expansion des Universums nicht direkt beobachtet, sondern nur das Licht, das von Galaxien emittiert wird. Dieses Licht besitzt eine charakteristische Signatur – ein auf der Zusammensetzung der jeweiligen Galaxie beruhendes Spektrum –, die sich in berechenbarer und messbarer Weise verändert, wenn sich die Galaxie relativ zu uns bewegt. So konnte Hubble, indem er die Spektren ferner Galaxien analysierte, ihre Geschwindigkeiten bestimmen. Er hatte erwartet, dass sich ebenso viele Galaxien auf uns zu- wie von uns fortbewegen. Stattdessen stellte er fest, dass sich fast alle Galaxien von uns fortbewegten, und das umso schneller, je weiter sie entfernt waren. Hubble gelangte zu dem Schluss, dass das Universum expandiere, doch andere Forscher, die versuchten, an dem früheren Modell festzuhalten, wollten seine Beobachtungen im Kontext des statischen Universums erklären. Beispielsweise schlug der Caltech-Physiker Fritz Zwicky vor, dass aus einigen noch unbekannten Gründen das Licht auf dem Weg über große Entfernungen Energie verlöre. Dieser Energieverlust entspräche einer Veränderung des Lichtspektrums, die sich mit Hubbles Beobachtungen decken könnte.

Noch Jahrzehnte nach Hubble hielten viele Wissenschaftler auch weiterhin an der Steady-State-Theorie fest. Doch am natürlichsten war Hubbles Erklärung, dass das Universum expandiere, und schließlich wurde sie allgemein anerkannt.

Bei unserer Suche nach den Gesetzen, die das Universum regieren, haben wir eine Reihe von Theorien oder Modellen formuliert – die Theo-

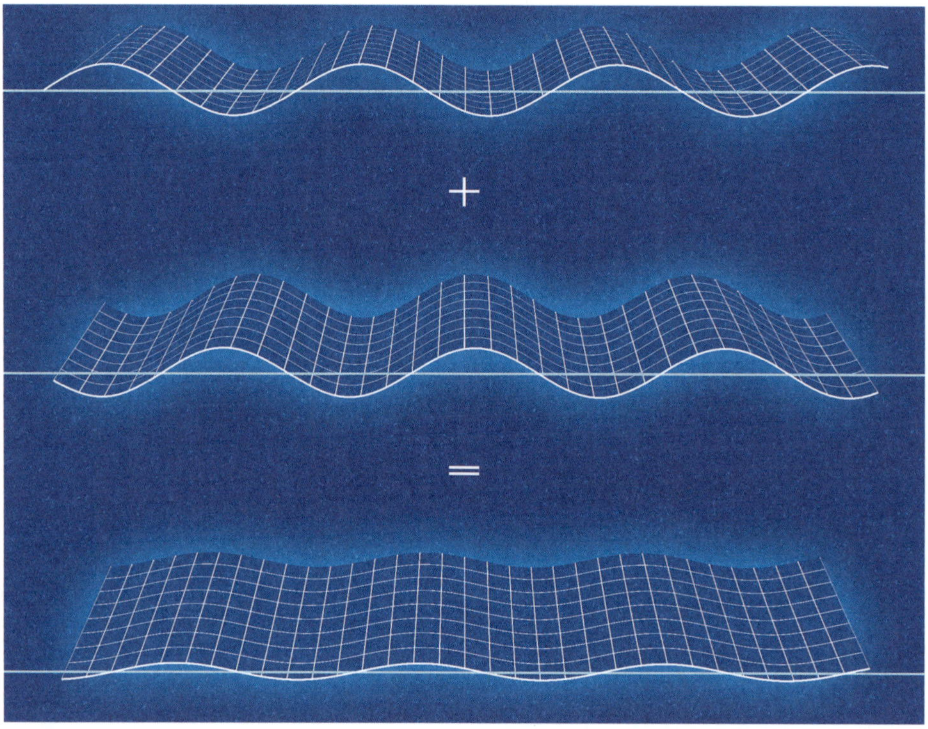

INTERFERENZ – *Wenn Wellen aufeinandertreffen, werden sie entweder stärker oder schwächer.*

rie der vier Elemente, das ptolemäische Modell, die Phlogistontheorie, die Urknalltheorie und so fort. Mit jeder Theorie oder jedem Modell haben sich unsere Begriffe von der Wirklichkeit und den fundamentalen Bestandteilen des Universums verändert. Betrachten wir beispielsweise die Lichttheorie. Newton dachte, das Licht bestehe aus kleinen Teilchen oder Korpuskeln. Das würde erklären, warum sich Licht geradlinig fortbewegt. Newton konnte mit dieser Theorie auch erklären, warum Licht seine Richtung ändert, also gebrochen wird, wenn es von einem Medium in ein anderes übergeht, etwa von Luft in Glas oder von Luft in Wasser.

Ein anderes Phänomen, das Newton beobachtete und das heute Newton'sche Ringe

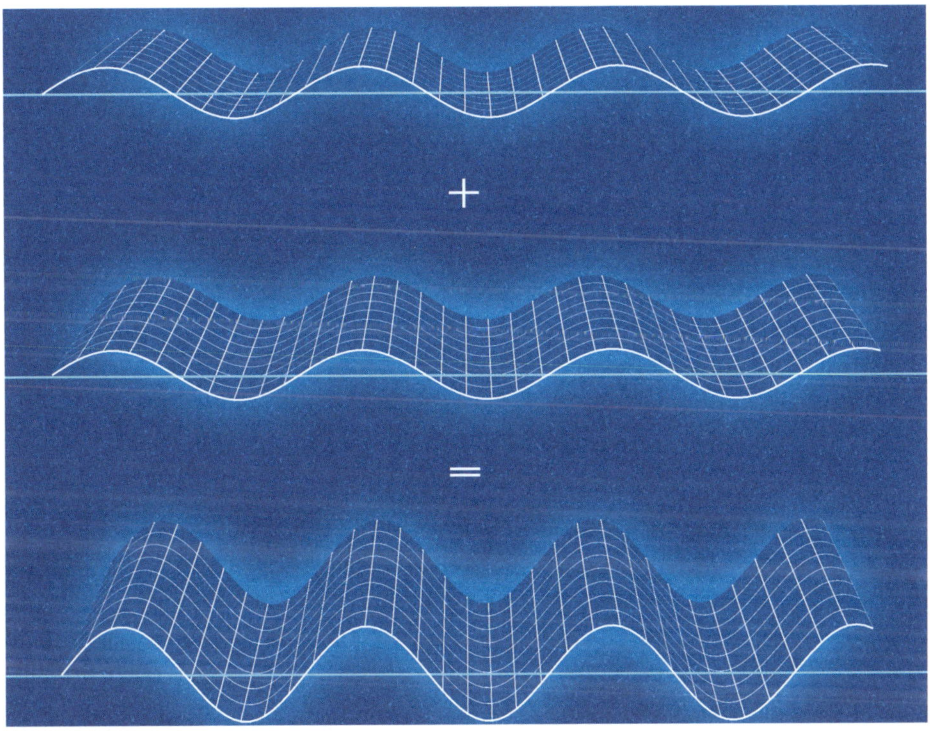

heißt, konnte die Korpuskeltheorie jedoch nicht erklären: Man lege eine Linse auf eine reflektierende Scheibe und beleuchte sie mit Licht einer einzigen Farbe, etwa Natriumlicht. Wenn man sie nun von oben betrachtet, wird man auf der Scheibe eine Reihe heller und dunkler Ringe sehen, die konzentrisch um den Berührungspunkt der Linse mit der Scheibe angeordnet sind. Das lässt sich mit der Teilchentheorie des Lichts schwerlich erklären, wohl aber mit der Wellentheorie.

Nach der Wellentheorie des Lichts werden die hellen und dunklen Ringe durch das Phänomen der Interferenz hervorgerufen: Eine Welle, etwa eine Wasserwelle, besteht aus einer Reihe von Kämmen und Tälern. Wenn beim Zusammentreffen zweier Wellen zufällig die Kämme der einen auf die Kämme der anderen Welle treffen und Wellentäler auf Wellentäler, dann verstärken sie einander, und es entsteht eine größere Welle. Das nennen wir konstruktive Interferenz. In diesem Fall heißen die Wellen «phasengleich».

Das andere Extrem liegt vor, wenn die Kämme der einen Welle mit den Tälern der anderen zusammenfallen und umgekehrt. In diesem Fall heben sich die Wellen auf – sie sind «phasenverschoben». Bei dieser Situation spricht man von destruktiver Interferenz.

Im Falle der Newton'schen Ringe befinden sich die hellen Ringe in denjenigen Abständen vom Mittelpunkt, bei denen die Entfernung zwischen der Linse und der reflektierenden Fläche gerade so groß ist, dass die an der Unterkante der Linse und die an der Fläche reflektierte Welle um ein ganzzahliges (1, 2, 3, ...) Vielfaches ihrer Wellenlänge gegeneinander verschoben sind und es zu konstruktiver Interferenz kommt. Die dunklen Ringe dagegen befinden sich in Entfernungen vom Zentrum, bei denen die beiden reflektierten Wellen um ein halbzahliges (1/2, 3/2, ...) Vielfaches der Wellenlänge gegeneinander verschoben sind. Dadurch kommt es zu destruktiver Interferenz – die von der Linse reflektierte Welle hebt die von der Scheibe reflektierte Welle auf.

Im neunzehnten Jahrhundert wertete man das als Bestätigung der Wellentheorie und Widerlegung der Teilchentheorie des Lichts. Doch Anfang des zwanzigsten Jahrhunderts zeigte Einstein, dass sich der photoelektrische Effekt (den sich frühe Fernseh- und moderne Digitalkameras zunutze machen) durch die Annahme erklären lässt, dass ein Lichtteilchen oder -quant auf ein Atom trifft und ein Elektron herausschlägt. Das Licht verhält sich also wie ein Teilchen und wie eine Welle.

Auf das Wellenkonzept kamen die Menschen vermutlich durch die Beobachtung des Meeres oder einer Pfütze, nachdem ein Stein hineingefallen war. Falls Sie jemals zwei Steine in eine Pfütze haben fallen lassen, sind Sie wahrscheinlich Zeuge von Interferenzphänomenen geworden, wie sie das Bild rechts zeigt. Bei der Beobachtung anderer Flüssigkeiten ist ein ähnliches Verhalten zu erkennen, ausgenommen vielleicht Wein, wenn Sie ihn zu reichlich genossen haben. Den Teilchenbegriff kannte man von Steinen, Kieseln und Sand. Doch dieser Welle-Teilchen-Dualismus – die Idee, dass sich ein Objekt sowohl als Teilchen als auch als Welle beschreiben lässt – ist der Alltagserfahrung so fremd wie

INTERFERENZ IN DER PFÜTZE – *In der Alltagswelt zeigt sich das Interferenzkonzept in allen Gewässern, von der Pfütze bis zum Ozean*

die Vorstellung, man könne einen Sandsteinbrocken trinken.

Dualitäten wie diese – Situationen, in denen zwei sehr verschiedene Theorien dasselbe Phanomen exakt beschreiben – sind mit dem modellabhängigen Realismus konsistent. Jede Theorie kann bestimmte Eigenschaften beschreiben und erklären, und von keiner Theorie lässt sich behaupten, sie sei besser oder realer als die andere. Zu den Gesetzen, die das Universum regieren, lässt sich Folgendes sagen: Es scheint so, als könne kein einzelnes mathematisches Modell, keine einzelne Theorie jeden Aspekt des Universums beschreiben. Wie im einleitenden Kapitel erwähnt, gibt es anscheinend ein Netz von Theorien, die sogenannte M-Theorie. Jeder Theorie im Netz der M-Theorie gelingt es, die Erscheinungen innerhalb eines bestimmten Bereichs zu beschreiben. Wo sich die Geltungsbereiche überschneiden, stimmen die verschiedenen Theorien des Netzes überein, daher können sie alle als Teile derselben Theorie angesehen werden. Doch keine einzelne Theorie des Netzes kann jeden Aspekt des Universums erklären – alle Naturkräfte, die Teilchen, die diesen Kräften unterworfen sind, und das Bezugssystem von Raum und Zeit, in dem alles stattfindet.

Obwohl diese Situation nicht den traditionellen Traum der Physiker von einer einzigen vereinheitlichten Theorie erfüllt, ist sie im Rahmen des modellabhängigen Realismus akzeptabel.

Bevor wir uns in Kapitel 5 eingehender mit Dualität und M-Theorie beschäftigen, werden wir uns einem der grundlegenden Bausteine unseres modernen Weltbildes zuwenden – der Quantentheorie und insbesondere dem quantentheoretischen Ansatz der alternativen Geschichten. Danach hat das Universum nicht nur eine einzige Existenz oder Geschichte, stattdessen existiert jede nur denkbare Variante des Universums gleichzeitig als sogenannte Überlagerung von Quantenzuständen. Das mag sich genauso absurd anhören wie die Theorie, in der der Tisch jedes Mal verschwindet, wenn wir das Zimmer verlassen, doch in diesem Fall hat die Theorie jede experimentelle Prüfung bestanden, der sie unterzogen wurde.

KAPITEL 4

ALTERNATIVE GESCHICHTEN

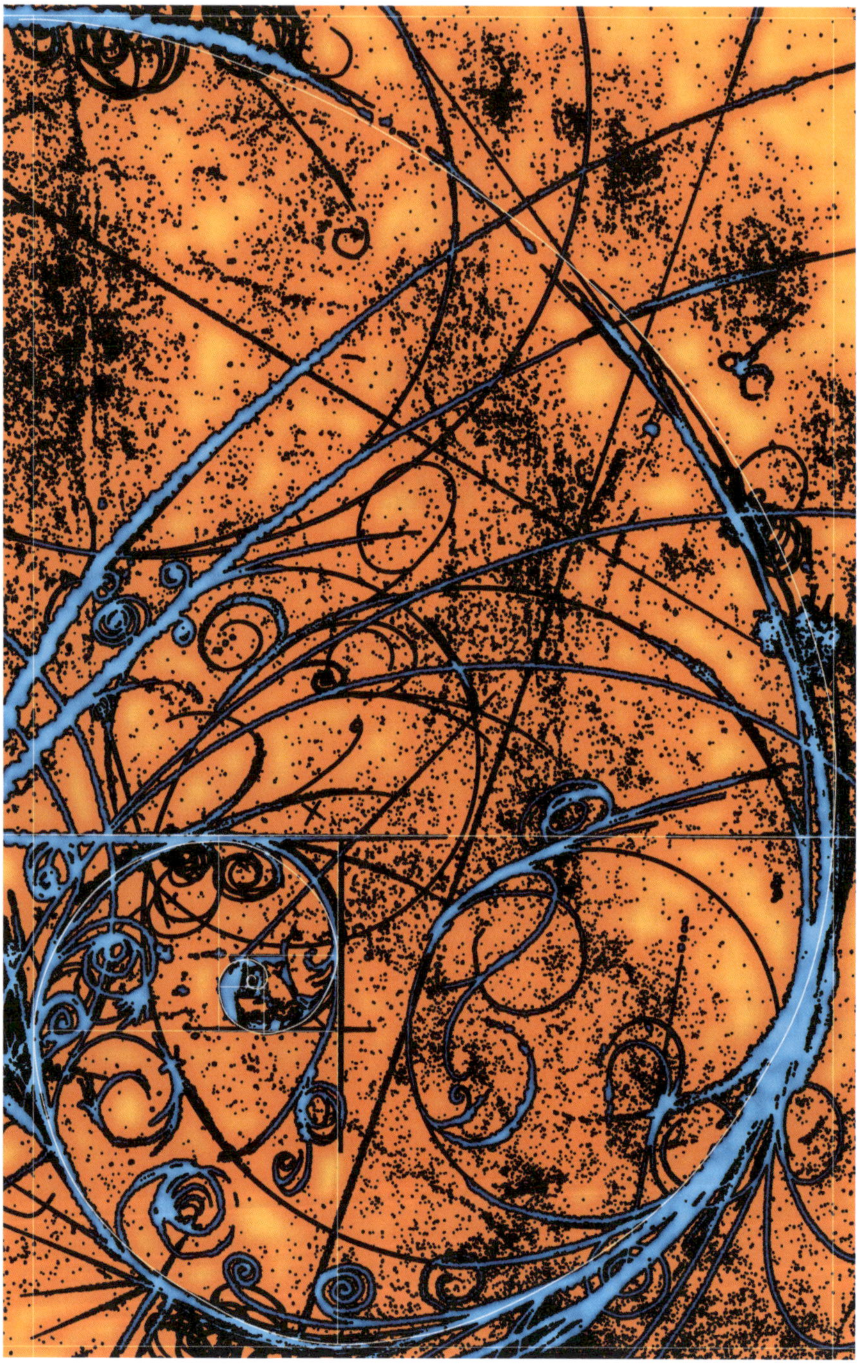

Eine Forschungsgruppe österreichischer Physiker feuerte 1999 eine Reihe fußballförmiger Moleküle auf eine Trennwand ab. Diese Moleküle, jedes aus sechzig Kohlenstoffatomen bestehend, bezeichnet man auf Englisch auch als *buckyballs* und auf Deutsch als Fullerene, weil der Architekt Buckminster Fuller Gebäude dieser Form errichtete. Fullers geodätische Kuppeln sind wahrscheinlich die größten fußballförmigen Objekte, die es gibt. Die Fullerene die kleinsten. Die Trennwand, auf die die Forscher schossen, wies zwei Spalte auf, durch die die Fullerene gelangen konnten. Hinter die Wand stellten die Physiker eine Art Sichtschirm, um die dort ankommenden Moleküle nachzuweisen und zu zählen.

Wollten wir ein entsprechendes Experiment mit richtigen Fußbällen durchführen, so brauchten wir einen Spieler, der nicht sehr treffsicher ist, aber die Fähigkeit besitzt, die Bälle gleichbleibend mit einer Geschwindigkeit unserer Wahl abzuschießen. Diesen Spieler stellen wir vor eine Torwand mit zwei Breschen. Hinter der Wand und parallel zu ihr bringen wir ein sehr langes Netz an. Die meisten Schüsse des Spielers treffen vermutlich die Wand und prallen zurück, aber einige gehen durch die Bresche ins Netz. Wenn die Lücken nur ein wenig größer als die Bälle sind, treten zwei stark gebündelte Ströme auf der anderen Seite aus. Sind die Breschen etwas breiter, fächert sich jeder Strom auf, wie es die Abbildung auf Seite 64 zeigt.

Wohlgemerkt: Bei Schließung einer der Breschen gelangt der betreffende Strom von Bällen nicht mehr hindurch, was sich auf den anderen Strom aber nicht auswirkt. Öffnen wir die zwischenzeitlich verschlossene Bresche wieder, kann das die Anzahl der Bälle, die an jedem beliebigen Ort auf der anderen Seite landen, nur erhöhen. Schließlich haben wir es dann mit allen Bällen zu tun, die durch die schon zuvor offene Aussparung gelangen, zuzüglich der Bälle, die die neu geöffnete Lücke passieren. Mit anderen Worten: Was wir bei zwei geöffneten Breschen beobachten, ist die Summe dessen, was wir beobachten, wenn jede Bresche in der Wand separat geöffnet ist. Das ist die Wirklichkeit, die wir aus unserer Alltagswelt kennen. Was die österreichischen Forscher beobachteten, als sie ihre Moleküle abfeuerten, war freilich etwas ganz anderes.

In dem österreichischen Experiment erhöhte die Öffnung des zweiten Spalts tatsächlich die Zahl der Moleküle, die an bestimmten Punkten auf den Sichtschirm trafen – verringerte jedoch die Zahl an anderen Stellen, wie in der Ab-

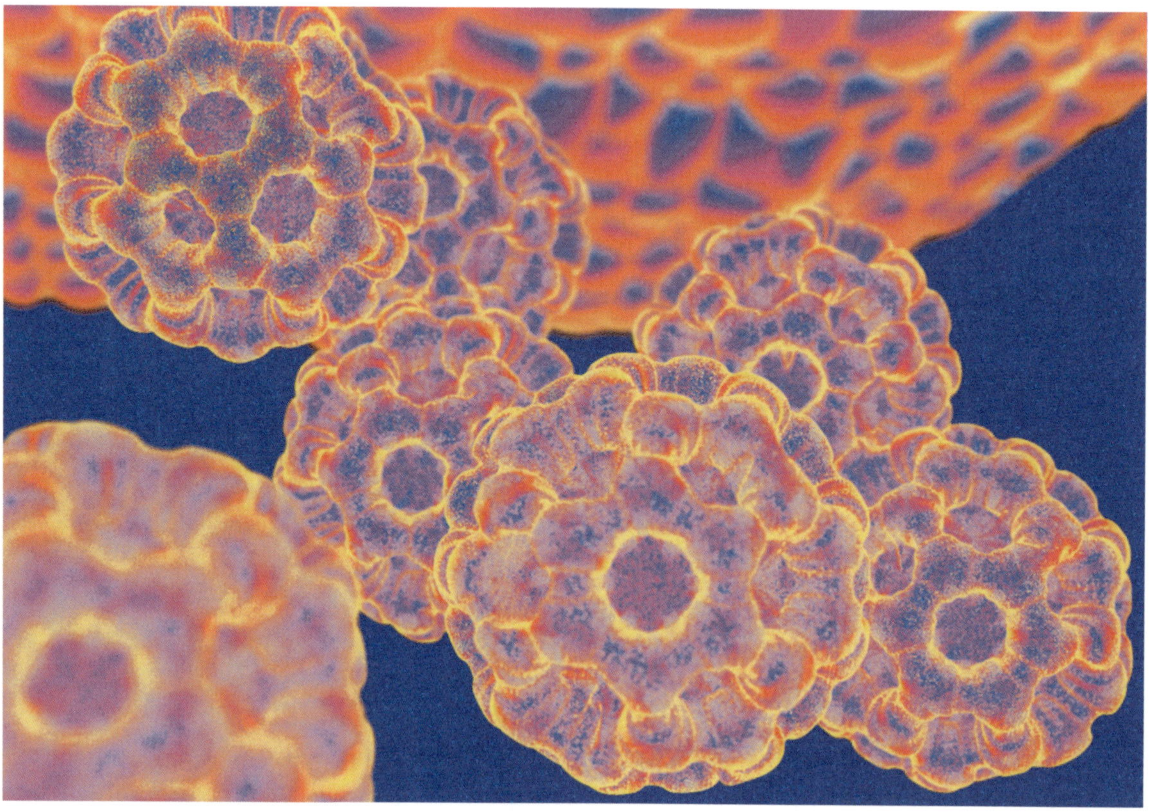

FULLERENE – *Fullerene sehen wie mikroskopische Fußbälle aus und bestehen aus Kohlenstoffatomen.*

bildung auf Seite 65 zu erkennen. Tatsächlich gab es Orte, an denen keine Fullerene landeten, wenn beide Spalte offen waren, wohl aber, wenn nur der eine oder nur der andere Spalt geöffnet war. Das erscheint doch sehr merkwürdig. Wie kann das Öffnen eines zweiten Spalts bewirken, dass an bestimmten Punkten weniger Moleküle auftreffen?

Einen Hinweis auf die Antwort können wir bekommen, wenn wir uns genauer mit den Einzelheiten beschäftigen. In dem Experiment landeten viele der molekularen Fußbälle an einer Stelle, die auf halbem Weg zwischen den Regionen lag, in denen man den Aufschlag der Bälle nach Passieren des einen oder des anderen Spalts erwartet hätte. Ein Stück von dieser zentralen Stelle entfernt trafen nur wenige Moleküle ein, doch noch ein Stück weiter auswärts beobachteten die Forscher wieder mehr Moleküleinschläge. Dieses Muster ist nicht die Summe der Muster, die entstehen, wenn die Spalte separat geöffnet werden, sondern – vielleicht erinnern Sie es aus Kapitel 3 – das Muster, das für miteinander interferierende Wellen charakteristisch ist. Die Bereiche, in denen keine Moleküle eintreffen, entsprechen Regionen, in denen von den beiden Spalten emittierte Wellen so gegeneinander phasenverschoben sind, dass es zu destruktiver Interferenz kommt; die Bereiche, in denen viele Moleküle landen, entsprechen Regionen, in denen die Wellen phasengleich eintreffen und also konstruktiv interferieren.

In den ersten etwa zweitausend Jahren wissenschaftlichen Denkens waren gewöhnliche Erfahrung und Intuition die Grundlage theoretischer Erklärungen. In dem Maße, wie wir unsere Technik verbesserten und den Bereich der beobachtbaren Phänomene ausdehnten, stellten wir fest, dass sich das Verhalten der Natur immer weniger mit unserer Alltagserfahrung und folglich unserer Intuition deckte, wie das Experiment mit den Fullerenen zeigt. Dieses Experiment ist charakteristisch für Phänomene, die nicht von der klassischen Physik erfasst, wohl aber von der Quantenphysik beschrieben werden.

Tatsächlich schrieb Richard Feynman, das Doppelspaltexperiment – ein Beispiel haben wir oben beschrieben – «enthält das ganze Geheimnis der Quantenmechanik».

Die Prinzipien der Quantenphysik wurden in den ersten Jahrzehnten des zwanzigsten Jahrhunderts entwickelt, nachdem sich herausgestellt hatte, dass Newtons Theorie für die Beschreibung der Natur auf der atomaren – oder subatomaren – Ebene nicht ausreicht. Die grundlegenden Theorien der Physik beschreiben die Naturkräfte und die Weise, wie Objekte auf sie reagieren. Klassische Theorien bilden einen Rahmen für unsere Alltagserfahrung, der zufolge materielle Objekte individuelle Existenz besitzen, an bestimmten Orten lokalisiert wer-

DOPPELSPALT-FUSSBALL – *Ein Fußballer, der mit Bällen auf Lücken in einer Torwand schießt, erzeugt das folgende Muster.*

den können, genau definierten Bahnen folgen und so fort. Die Quantenphysik liefert einen Rahmen zum Verständnis des Verhaltens der Natur bei atomaren und subatomaren Größenverhältnissen, doch wie wir unten eingehender zeigen werden, verlangt sie auch ein voll-

kommen anderes Begriffsschema, in dem sich Position, Bahn und sogar Vergangenheit und Zukunft nicht exakt bestimmen lassen. Quantentheorien von Kräften wie der Gravitation oder der elektromagnetischen Kraft sind in diesem begrifflichen Rahmen entwickelt worden.

FULLEREN-FUSSBALL – *Wenn molekulare Fußbälle auf Spalte in einem Schirm abgefeuert werden, macht sich in dem resultierenden Muster der Einfluss ungewohnter Quantengesetze bemerkbar.*

Können Theorien, deren begriffliche Basis so weit von den uns vertrauten Konzepten entfernt ist, auch die von der klassischen Physik so präzise modellierten Ereignisse der Alltagserfahrung erklären? Sie können es, denn wir und unsere Umgebung sind zusammengesetzte Strukturen aus einer unvorstellbar großen Zahl von Atomen, mehr Atomen, als es Sterne im beobachtbaren Universum gibt. Und obwohl die Atome, aus denen wir bestehen, den Prinzipien der Quantenphysik gehorchen, lässt sich zeigen, dass es großen, zusammengesetzten Strukturen wie Fußbällen, Rüben, Jumbojets – oder uns selbst – gelingt, die Beugung an Spalten zu vermeiden.

Obwohl also die Bestandteile von Alltagsobjekten der Quantenphysik gehorchen, bilden Newtons Gesetze eine effektive Theorie, die das Verhalten der zusammengesetzten Strukturen, die unsere Alltagswelt ausmachen, sehr genau beschreibt.

Es mag seltsam klingen, aber es gibt viele Beispiele in der Wissenschaft, in denen sich große Zusammenschlüsse anders zu verhalten scheinen als ihre einzelnen Bestandteile. Von den Reaktionen eines einzelnen Neurons lässt sich kaum auf die des menschlichen Gehirns schließen, und die Kenntnis eines Wassermoleküls gibt uns keinen besonderen Aufschluss über das Verhalten eines Sees. Im Fall der Quantenphysik sind die Forscher noch immer damit beschäftigt, im Einzelnen auszuarbeiten, wie Newtons Gesetze aus der von der Quantenmechanik beherrschten Mikrowelt hervorgehen. Aber wir wissen, dass die Bestandteile aller Objekte den Gesetzen der Quantenphysik gehorchen und dass die Newton'schen Gesetze in guter Näherung beschreiben, wie sich makroskopische Objekte verhalten, die aus solchen Quantenbestandteilen bestehen.

Daher decken sich die Vorhersagen der Newton'schen Theorie mit der Wirklichkeitsauffassung, die wir aus unseren direkten Erfahrungen mit der uns umgebenden Welt heraus entwickelt haben. Doch einzelne Atome und Moleküle führen sich ganz anders auf als die Dinge unserer Alltagserfahrung.

Die Quantenphysik ist ein neues Wirklichkeitsmodell, das uns ein Bild des Universums vermittelt, in dem viele Konzepte, die unserem intuitiven Wirklichkeitsverständnis zugrunde liegen, ihre Bedeutung verlieren.

Das erste Experiment, das die Wellennatur der Materie offenbarte, wurde 1927 von Clinton Davisson und Lester Germer durchgeführt, zwei Experimentalphysikern an den Bell

Laboratories. Sie untersuchten, wie ein Strahl von Objekten, die sehr viel einfacher beschaffen sind als Fullerene – Elektronen –, mit Nickelkristallen wechselwirkt. Dass Materieteilchen wie Elektronen sich tatsächlich wie Wasserwellen verhalten, war eines der verblüffenden Experimente, welche die Entwicklung der Quantenphysik voranbrachten.

Da dieses Verhalten auf makroskopischer Ebene nicht beobachtet wird, haben sich die Forscher lange gefragt, wie groß und komplex Objekte, die solche wellenartigen Eigenschaften an den Tag legen, im äußersten Fall sein können. Es würde ziemliches Aufsehen erregen, ließe sich dieser Effekt an Menschen oder Nilpferden nachweisen.

Doch generell gilt, wie gesagt: Je größer das Objekt, desto weniger auffällig und robust sind die Quanteneffekte. Daher ist es unwahrscheinlich, dass irgendwelche Zootiere die Gitterstäbe ihrer Käfige wellenartig passieren. Allerdings haben Experimentalphysiker das Wellenphänomen an immer größeren «Teilchen» beobachtet. Die Forscher hoffen, das Fulleren-Experiment eines Tages mit einem Virus wiederholen zu können, der nicht nur viel größer ist, sondern nach Auffassung einiger Wissenschaftler auch ein Lebewesen darstellt.

Wir brauchen nur einige wenige Aspekte der Quantenphysik, um die Argumente zu verstehen, die wir in späteren Kapiteln vorbringen werden. Eine Eigenschaft von entscheidender Bedeutung ist der Welle-Teilchen-Dualismus. Dass sich Materieteilchen wie eine Welle verhalten, überraschte alle. Dass sich Licht wie eine Welle verhält, überrascht schon seit längerem niemanden mehr. Das wellenartige Verhalten von Licht erscheint uns selbstverständlich und gilt seit fast zwei Jahrhunderten als anerkannte Tatsache. Wenn man in obigem Experiment einen Lichtstrahl auf die beiden Spalte richtet, tritt aus jedem der Spalte eine Welle aus, und die beiden Wellen treffen sich auf dem Schirm. An einigen Stellen fallen ihre Kämme und Täler zusammen und bilden helle Bereiche; an anderen treffen die Kämme der einen Welle auf die Täler der anderen, sie heben sich auf und hinterlassen eine dunkle Region. Der englische Physiker Thomas Young führte dieses Experiment Anfang des neunzehnten Jahrhunderts durch, womit er seine Zeitgenossen davon überzeugte, dass das Licht eine Welle sei und nicht, wie Newton geglaubt hatte, aus Teilchen bestehe.

Obwohl man zu dem Schluss kommen könnte, Newton liege falsch mit seiner Behauptung,

YOUNGS EXPERIMENT – *Das Fulleren-Muster kannte man aus der Wellentheorie des Lichts.*

das Licht sei keine Welle, hatte er doch recht, wenn er sagte, das Licht könne sich verhalten, als bestehe es aus Teilchen. Heute nennen wir diese Teilchen Photonen. Ähnlich wie wir aus einer großen Zahl von Atomen gefügt sind, ist das Licht, das wir in unserer Alltagswelt sehen, insofern zusammengesetzt, als es aus einer Riesenzahl von Photonen besteht – selbst ein Nachtlicht von einem Watt emittiert einige Milliarden Milliarden davon pro Sekunde. Einzelne Photonen sind in der Regel nicht zu sehen, doch im Labor können wir einen Lichtstrahl erzeugen, der so schwach ist, dass er aus einem Strom einzelner Photonen besteht, die wir jedes für sich nachweisen können, so wie wir einzelne Elektronen oder Fullerene dokumentieren können. Wir können Youngs Experiment mit einem Strahl wiederholen, der so weit ausgedünnt ist, dass die Photonen die Trennwand einzeln erreichen, wobei zwischen jeder Ankunft einige Sekunden liegen. Wenn wir danach alle einzelnen, hinter der Trennwand aufgezeichneten Aufschläge addieren, stellen wir fest, dass sie zusammen das gleiche Interferenzmuster bilden, das sich beim Davisson-Germer-Experiment ergäbe, wenn wir die Elektronen (oder beim Doppelspaltexperiment die Fullerene) einzeln auf den Schirm abfeuerten.

Für die Physiker ergab sich daraus eine verblüffende Erkenntnis: Wenn einzelne Teilchen mit sich selbst interferieren, ist die Wellennatur des Lichts eine Eigenschaft nicht nur des Strahls oder einer größeren Ansammlung von Photonen, sondern der individuellen Teilchen.

Ein weiteres Grundprinzip der Quantenphysik ist die 1926 von Werner Heisenberg formulierte Unschärferelation. Sie lehrt uns, dass unserer Fähigkeit zur gleichzeitigen Messung bestimmter Eigenschaften, etwa des Aufenthaltsorts und der Geschwindigkeit eines Teilchens, prinzipielle Grenzen gesetzt sind. Wenn man die Unbestimmtheit der Position eines Teilchens mit der Unbestimmtheit seines Impulses multipliziert (der Impuls ist dabei Masse mal Geschwindigkeit), dann kann der Unschärferelation zufolge das Ergebnis niemals kleiner als eine bestimmte feste Größe sein, die Planck'sches Wirkungsquantum genannt wird. Das ist zwar ein Zungenbrecher, aber sein Kernpunkt lässt sich einfach wiedergeben: Je genauer man die Geschwindigkeit misst, desto weniger genau kann man den Aufenthaltsort messen und umgekehrt. Halbiert man beispielsweise die Unbestimmtheit des Aufenthaltsortes, dann verdoppelt sich automatisch die kleinstmögliche Unbestimmtheit der Geschwindigkeit. Wir müssen uns allerdings klarmachen, dass das Planck'sche Wirkungsquantum, ausgedrückt in alltäglichen Maßeinheiten wie Meter, Kilogramm und Sekunden, sehr klein ist.

Wenn wir das Wirkungsquantum in diesen Einheiten wiedergeben, hat es einen numerischen Wert von rund 6/10 000 000 000 000 000 000 000 000 000 000 000. Lokalisieren wir ein makroskopisches Objekt, etwa einen Fußball mit einer Masse von einem drittel Kilogramm, mit einer Genauigkeit von 1 Millimeter in jeder Richtung, so können wir seine Geschwindigkeit immer noch mit einer Genauigkeit messen, die weit größer ist als ein Milliardstel eines Milliardstels eines Milliardstelkilometers pro Stunde.

In den obengenannten Maßeinheiten gerechnet, ist die Masse des Fußballs nämlich 1/3 und die Unbestimmtheit des Aufenthaltsorts 1/1000. Keins von beiden genügt, um all die Nullen der Planck-Konstanten zu erklären, daher fällt diese Aufgabe der minimalen Unbestimmtheit bei der Geschwindigkeit zu.

Ein Elektron dagegen hat, in den gleichen Einheiten ausgedrückt, eine Masse von 0,000 000 000 000 000 000 000 000 000 001, daher ist die Situation für Elektronen ganz anders. Wenn wir die Position eines Elektrons mit einer Genauigkeit von etwa der Größe eines Atoms messen, können wir nach Maßgabe der Unschärferelation die Geschwindigkeit des Elektrons nicht präziser als rund plus/minus einige 1000

«Wenn das stimmt, ist alles, was wir für eine Welle gehalten haben, in Wirklichkeit ein Teilchen, und alles, was wir für ein Teilchen gehalten haben, in Wirklichkeit eine Welle.»

Kilometer pro Sekunde messen, was alles andere als sehr genau ist.

Egal, wie viele Informationen wir zur Verfügung haben oder wie es um unsere Rechenkapazität bestellt ist, die Ergebnisse physikalischer Prozesse lassen sich laut Quantenphysik nicht mit Bestimmtheit vorhersagen, weil sie nicht genau *determiniert* sind. Stattdessen bestimmt die Natur, auch wenn der Anfangszustand eines Systems gegeben ist, dessen zukünftigen Zustand durch einen Prozess, der prinzipiell ungewiss ist.

Mit anderen Worten, die Natur legt auch in allereinfachsten denkbaren Situationen das Ergebnis von keinem Prozess oder Experiment fest, sondern lässt eine Anzahl verschiedener Möglichkeiten zu, von denen jede eine bestimmte Eintrittswahrscheinlichkeit besitzt. Es ist, wie man in Anlehnung an Einstein sagen könnte, als würde Gott immer erst zum Würfel greifen, um über das Ergebnis jedes physikalischen Prozesses zu entscheiden. Diese Vorstellung missfiel Einstein, und so stand er ihr, obwohl einer der Begründer der Quantenphysik, später kritisch gegenüber.

Es könnte der Eindruck entstehen, die Quantenphysik untergrabe die Idee, dass die Natur von Gesetzen regiert wird, doch das ist nicht der Fall. Sie zwingt uns lediglich dazu, neue Formen des Determinismus gelten zu lassen: Bei gegebenem Zustand eines Systems zu einer bestimmten Zeit determinieren die Naturgesetze die *Wahrscheinlichkeiten* verschiedener Zukünfte und Vergangenheiten, statt die Zukunft und Vergangenheit mit Gewissheit zu bestimmen. Zwar geht das einigen Forschern gewaltig gegen den Strich, doch wir müssen uns alle an Theorien halten, die sich mit den Experimenten decken, statt an unsere vorgefassten Meinungen.

Von einer naturwissenschaftlichen Theorie verlangen wir, dass sie überprüfbar ist. Wenn die probabilistische Natur der quantenphysikalischen Vorhersagen bedeuten würde, dass sich diese Vorhersagen prinzipiell nicht verifizieren ließen, so wären Quantentheorien keine ernstzunehmenden wissenschaftlichen Theorien. Doch trotz der probabilistischen Natur ihrer Vorhersagen können wir Quantentheorien überprüfen.

Beispielsweise lässt sich ein Experiment viele Male wiederholen, und auf diese Weise lässt sich bestätigen, dass die Häufigkeit verschiedener Ergebnisse den vorhergesagten Wahrscheinlichkeiten entspricht. Betrachten wir das Fulleren-Experiment. Die Quantenphysik sagt uns, dass nichts jemals auf Dauer an einem bestimmten Punkt lokalisiert sein kann – befindet sich ein Teilchen tatsächlich einmal an einem genau definierten Ort, dann ist die Unbestimmtheit seines Impulses unendlich. Tatsächlich gilt laut der Quantenphysik für jeden Ort im Universum: Mit einer gewissen Wahrscheinlichkeit ist jedes Teilchen, das es gibt, an diesem bestimmten Ort zu finden. Wenn auch die Aussicht, ein gegebenes Elektron innerhalb des Doppelspalt-Geräts anzutreffen, sehr groß ist, wird immer eine gewisse Wahrscheinlichkeit bestehen bleiben, es auf der abgekehrten Seite des Sterns Alpha Centauri oder im Kartoffelsalat Ihrer Betriebskantine zu finden.

Wenn Sie also einem Quanten-Fulleren einen Tritt geben und es fliegen lassen, können Sie noch so schlau sein und noch so viel wissen, sie können nicht im Voraus angeben, wo das Fulleren landen wird.

Doch wenn Sie das Experiment sehr oft wiederholen, werden die ermittelten Daten zeigen, mit welcher Wahrscheinlichkeit das Fulleren an verschiedenen Orten anzutreffen ist, und die Experimentalphysiker können bestätigen, dass die Ergebnisse solcher Experimente mit den Vorhersagen der Theorie übereinstimmen.

Wir müssen uns vor Augen halten, dass Wahrscheinlichkeiten in der Quantenphysik nicht wie Wahrscheinlichkeiten in der Newton'schen Physik oder in der alltäglichen Welt sind. Das können wir uns klarmachen, indem wir die Muster, die durch den steten Strom der auf einen Trennschirm abgefeuerten Fullerene gebildet werden, mit dem Lochmuster vergleichen, das entsteht, wenn Spieler auf den Mittelpunkt einer Dartscheibe zielen. Wenn die Spieler nicht zu viel Bier intus haben, ist die Wahrscheinlichkeit, dass ein Pfeil in der Nähe des Mittelpunkts landet, am größten und nimmt nach außen hin ab. Wie die Fullerene kann jeder gegebene Pfeil irgendwo landen, sodass sich im Laufe der Zeit ein Lochmuster ergibt, das die zugrundeliegenden Wahrscheinlichkeiten widerspiegelt. Im alltäglichen Leben könnte man diese Situation mit der Feststellung zum Ausdruck bringen, dass sich jedem der verschiedenen möglichen Landeplätze des Pfeils eine Wahrscheinlichkeit zuordnen lässt, dass der Pfeil tatsächlich dort landet. Doch dass wir hier von Wahrscheinlichkeiten reden, liegt, anders als im Fall der Fullerene, daran, dass wir die Bedingungen des Pfeilwurfs nur unvollständig kennen. Wir könnten unsere Beschreibung verbessern, wenn wir genau wüssten, wie der Spieler den Pfeil geworfen hat, in welchem Winkel, ob und wie der Pfeil sich gedreht hat, mit welcher Geschwindigkeit und so fort. Im Prinzip könnten wir dann mit beliebiger Genauigkeit vorhersagen, wo der Pfeil landen würde.

Wenn wir die Ergebnisse von Ereignissen in der alltäglichen Welt mit Hilfe probabilistischer Methoden vorhersagen, kommt darin also nicht das eigentliche Wesen dessen zum Ausdruck, was da passiert, sondern nur unsere Unkenntnis einiger seiner Aspekte.

Anders verhält es sich mit den Wahrscheinlichkeiten in Quantentheorien. In ihnen manifestiert sich eine grundlegende Zufälligkeit der Natur. Das Quantenmodell der Natur umfasst Prinzipien, die nicht nur unserer Alltagserfahrung widersprechen, sondern auch unserem intuitiven Wirklichkeitsbegriff. Wem diese Prinzipien seltsam oder kaum glaubhaft vorkommen, der befindet sich in guter Gesellschaft – nämlich in der Gesellschaft großer Physiker wie Einstein und sogar Feynman, auf dessen Beschreibung der Quantentheorie wir in Kürze zu sprechen kommen. Tatsächlich hat Feynman einmal geschrieben: «Ich denke, ich kann mit Fug und Recht sagen, dass niemand die Quantenmechanik versteht.» Trotzdem stimmt die Quantenphysik mit den Beobachtungen überein. Sie hat bislang bei keinem Test versagt, und dabei ist sie häufiger als jede andere naturwissenschaftliche Theorie getestet worden.

In den vierziger Jahren stieß der amerikanische Physiker Richard Feynman auf einen verblüffenden Unterschied zwischen der quantenphysikalischen und der Newton'schen Welt. Feynman war fasziniert von der Frage, wie die Interferenzmuster beim Doppelspaltexperiment entstehen. Wie gesehen, ist das Muster, das wir finden, wenn wir Moleküle bei zwei offenen Spalten abfeuern, nicht gleich der Summe der Muster, die wir erhalten, wenn wir einmal nur den einen, das andere Mal nur den anderen Spalt offen lassen. Stattdessen sehen wir bei zwei offenen Spalten eine Reihe heller und dunkler Streifen, wobei Letztere die Regionen sind, in denen keine Teilchen gelandet sind. Das heißt, dass Teilchen, die im Bereich des dunklen Streifens gelandet wären, wenn, sagen wir, nur Spalt eins offen gewesen wäre, dort nicht auftreffen, wenn der Spalt zwei ebenfalls offen ist. Es hat den Anschein, als würden die Teilchen auf dem Weg von der Quelle zum Schirm irgendwo Informationen über beide Spalte erhalten. Dieses Betragen unterscheidet sich gründlich von der Art und Weise, wie sich Dinge in der alltäglichen Welt zu verhalten scheinen, in der ein Ball seinen Weg durch eine der Lücken nimmt und sich dabei nicht durch die Situation an der anderen Lücke beirren lässt.

Nach der Newton'schen Physik – und nach dem Verlauf des Experiments, wenn wir es mit Fußbällen statt mit Molekülen durchführen – folgt jedes Teilchen einem einzigen wohldefinierten Weg von der Quelle bis zum Schirm. In diesem Bild ist kein Raum für einen Umweg, bei dem das Teilchen unterwegs die Nachbarschaft beider Spalte inspiziert. Doch in der quantenmechanischen Beschreibung hat das Teilchen keinen eindeutigen Aufenthaltsort, solange es sich zwischen Ausgangs- und Endpunkt befindet. Feynman erkannte, das müsse nicht unbedingt so interpretiert werden, dass die Teilchen zwischen Quelle und Schirm *überhaupt keiner* Bahn folgten. Es könnte umgekehrt auch bedeuten, dass die Teilchen *jeder* möglichen, diese beiden Punkte verbindenden Bahn folgten. Das, so Feynman, unterscheide die Quantenphysik von der Newton'schen Physik. Die Situation an beiden Spalten spielt insofern eine Rolle, als die Teilchen, statt nur einer bestimmten Bahn zu folgen, jede Bahn durchmessen – alle Bahnen *auf einmal*! Das klingt wie Science-Fiction, ist es aber nicht.

Feynman hat aus diesem Grundgedanken heraus einen Formalismus entwickelt – seine «Summe über alle Geschichten», auch als «Pfadintegralformalismus» bekannt –, der alle quantenphysikalischen Gesetze reproduziert. In Feynmans Formalismus sind das mathematische und das physikalische Bild verschieden von der ursprünglichen Formulierung der Quantenphysik, die Vorhersagen aber gleich.

Beim Doppelspaltexperiment folgen die Teilchen nach Feynmans Überlegungen allen irgend möglichen Bahnen oder Pfaden: Pfaden, die nur durch den einen oder nur durch den anderen Spalt führen; Pfaden, die sich durch den ersten Spalt winden, zurück durch den zweiten Spalt und wieder durch den ersten; Pfaden, die das Restaurant aufsuchen, wo es diese einmaligen Curry-Garnelen gibt, und dann noch Jupiter ein paarmal umrunden, bevor sie sich auf den Heimweg machen; und sogar Pfaden, die einmal quer durchs Universum und zurück führen. Das erklärt nach Feynmans Ansicht, wie die Teilchen die Informationen erwerben, ob die Spalte offen sind oder nicht – wenn ein Spalt offen ist, wählt das Teilchen unter anderem auch Pfade, die dort hindurchführen. Sind beide Spalte offen, können die Pfade, auf denen das Teilchen einen Spalt durchquert, mit den Pfaden interferieren, auf denen es durch den anderen gelangt. Das mag verrückt klingen, doch für die Zwecke der gegenwärtigen physikalischen Grundlagenforschung – und für die Zwecke dieses Buchs – hat sich Feynmans Formulierung als nützlicher denn die ursprüngliche erwiesen.

Feynmans Auffassung der Quantenrealität ist entscheidend für das Verständnis der Theorien, die wir gleich erörtern wollen, daher lohnt

es sich, ein wenig Zeit zu opfern, um ein Gefühl für ihre Funktionsweise zu bekommen. Stellen Sie sich einen einfachen Prozess vor, bei dem ein Teilchen an einem Ort A beginnt und sich frei bewegt. Nach dem Newton'schen Modell wird

TEILCHENWEGE – *Feynmans Formulierung der Quantentheorie vermittelt eine Vorstellung, warum Teilchen wie Fullerene und Elektronen Interferenzmuster bilden, wenn sie durch Spalte in einer Trennwand geschossen werden.*

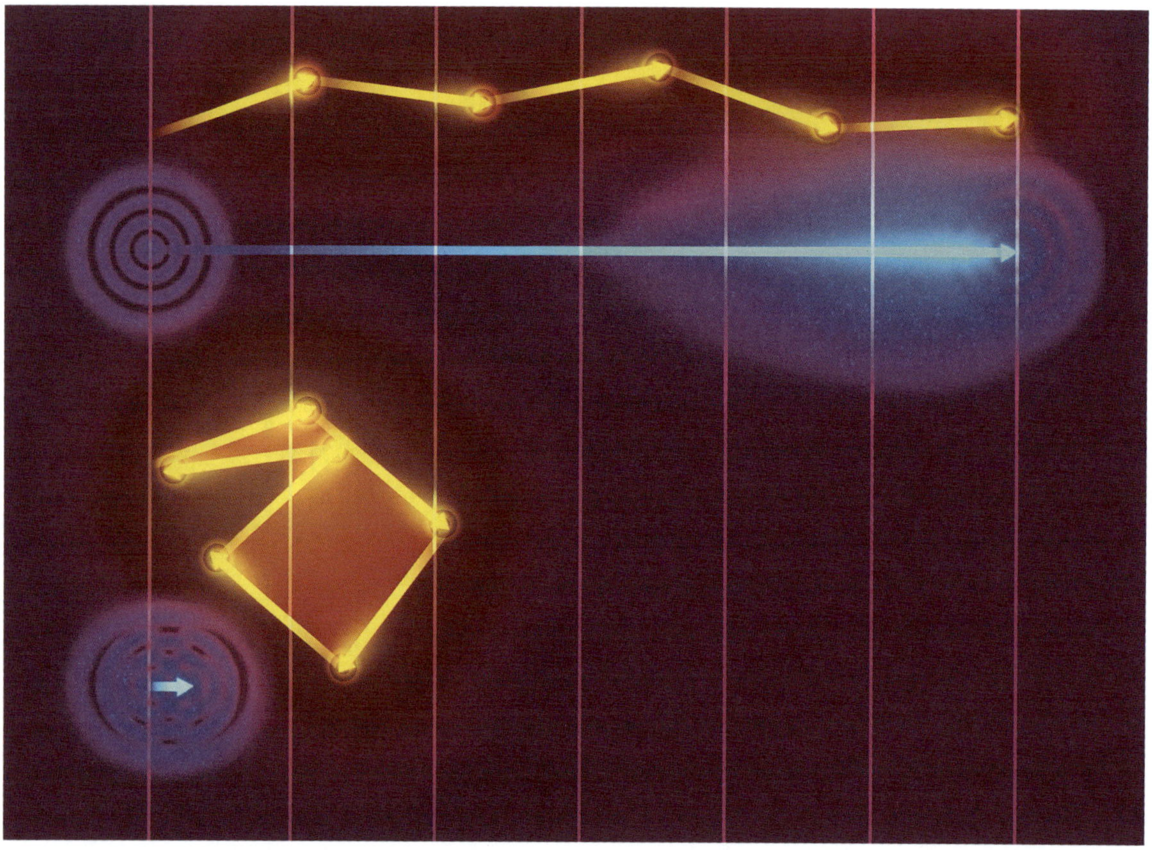

ADDITION VON FEYNMAN-PFADEN – *Die durch verschiedene Feynman-Pfade hervorgerufenen Effekte können einander wie Wellen verstärken oder abschwächen. Die gelben Pfeile bezeichnen die zu addierenden Pfade. Die blauen Linien geben ihre Summe wieder – eine Linie vom Schwanz des ersten bis zur Spitze des letzten Pfeils. In der unteren Abbildung zeigen die Pfeile in verschiedene Richtungen, daher ist ihre Summe, die blaue Linie, sehr kurz.*

das Teilchen einer geraden Linie folgen. Wenn eine genau bestimmte Zeit verflossen ist, befindet sich das Teilchen an einem genau bestimmten Ort B auf dieser Linie. In Feynmans Bild dagegen probiert ein Teilchen jede Bahn oder jeden Pfad, der A und B verbindet, wobei jedem dieser Pfade ein Zahlenwert – eine sogenannte Phase – zugeordnet werden kann. Diese Phase entspricht der Schwingungsphase einer Welle, gibt also an, ob wir es gerade mit einem Wellenkamm, einem Wellental oder irgendeinem der dazwischen liegenden Zustände zu tun haben. Feynmans mathematische Vorschrift zur Berechnung dieser Phase ist so gewählt, dass man mit Hilfe der Addition der Wellenphasen aller Pfade die sogenannte Wahrscheinlichkeitsamplitude erhält. Das Quadrat dieser Größe ergibt dann die korrekte Wahrscheinlichkeit, dass ein bei A beginnendes Teilchen B erreichen wird.

Die Phase, die jeder Pfad zur Feynman-Summe (und damit zur Wahrscheinlichkeit, von A nach B zu gelangen) beisteuert, lässt sich als Pfeil darstellen, der eine feste Länge hat, aber in jede beliebige Richtung zeigen kann. Zur Addition zweier Phasen fügt man den Pfeil, der eine Phase darstellt, an das Ende eines für eine andere Phase stehenden Pfeils und erhält so einen neuen Pfeil, der die Summe beider repräsentiert. Zur Addition weiterer Phasen setzt man den Prozess einfach fort. Wenn sich die Phasen so aneinander aufreihen, kann der Pfeil, der die Gesamtsumme darstellt, ziemlich lang werden. Doch wenn die einzelnen Phasen-Pfeile in verschiedene Richtungen zeigen, heben sie sich größtenteils auf, wenn man sie addiert, sodass am Ende nicht viel Pfeillänge übrig bleibt. Diese Überlegung ist in den Abbildungen links veranschaulicht.

Feynmans Vorschrift zur Berechnung der Wahrscheinlichkeit, dass ein Teilchen, das am Ort A beginnt, Ort B erreicht, sagt uns, dass wir die Phasen (beziehungsweise die Pfeile), die jedem A und B verbindenden Pfad zugeordnet sind, addieren müssen. Es gibt eine unendliche Zahl solcher Pfade, was die Mathematik ein wenig verkompliziert, trotzdem klappt die Methode. Einige der Pfade sind auf Seite 79 abgebildet.

Feynmans Theorie macht besonders deutlich, wie Newtons Weltbild aus der so anders aussehenden Quantenphysik erwachsen kann. Laut Feynmans Theorie hängen die mit jedem Pfad assoziierten Phasen vom Planck'schen Wirkungsquantum ab. Der Theorie zufolge bewirkt die Kleinheit des Planck'schen Wirkungsquantums, dass die Phasen bei Addition der Beiträge eng beieinanderliegender Pfade üblicherweise enorme Schwankungen aufweisen und sich daher meist zu null addieren. Doch die Theorie zeigt auch, dass es gewisse Pfade gibt, bei denen die Phasen dazu tendieren, den gleichen Wert zu haben, sodass sich die Beiträge aufaddieren und diese Pfade favorisiert werden. Wie sich zeigt, weisen bei großen Objekten die Pfade, die dem von Newton vorhergesagten Pfad entsprechen oder sehr nahe kommen, ähnliche Phasen auf und addieren sich zum weitaus größten Beitrag zur Summe. Daher ist der einzige Bestimmungsort, der eine deutlich größere Wahrscheinlichkeit als null hat, der von Newtons Theorie vorhergesagte Bestimmungsort, und dessen Wahrscheinlichkeit liegt sehr nahe bei eins. Aus diesem Grund bewegen sich große Objekte ganz so, wie Newtons Theorie vorhersagt.

Bislang haben wir Feynmans Ideen im Kontext des Doppelspaltexperiments erörtert. Dabei werden Teilchen gegen eine Trennwand mit Spalten gefeuert, um dann zu messen, an welchen Stellen auf einem hinter der Wand aufgestellten Sichtschirm sie aufschlagen. Allgemeiner, statt sich nur auf ein einzelnes Teilchen zu konzentrieren, gestattet uns Feynmans Theorie, vorherzusagen, was mit einem ganzen «System» passiert, handle es sich dabei nun um ein Teilchen, eine Gruppe von Teilchen oder um das ganze Universum. In der Zeit zwischen dem Anfangszustand des Systems und unserer späteren Messung seiner Eigenschaften entwickeln sich die Eigenschaften in bestimmter Weise weiter. Physiker nennen dies die «Geschichte» des Systems. Beim Doppelspaltexperiment ist die Geschichte des Teilchens einfach sein Pfad. So, wie Feynman bei diesem Experiment zeigte, dass die Wahrscheinlichkeit eines Auftreffens von Teilchen an einem gegebenen Punkt von allen Pfaden abhängt, die es dort hätten hinbringen können, so wies er für ein allgemeines System nach, dass sich die Wahrscheinlichkeit einer beliebigen Beobachtung aus allen möglichen Geschichten zusammensetzt, die zu dieser Beobachtung hätten führen können.

Aus diesem Grund bezeichnet man seine Formulierung der Quantenphysik als «Summe über alle Geschichten».

Nachdem wir jetzt ein Gefühl für Feynmans quantenphysikalischen Ansatz gewonnen haben, ist es an der Zeit, einen anderen Schlüsselbegriff der Quantentheorie zu untersuchen, auf den wir später zurückkommen werden – das Prinzip, dass die Beobachtung eines Systems verändert, was passiert. Könnten wir solch ein

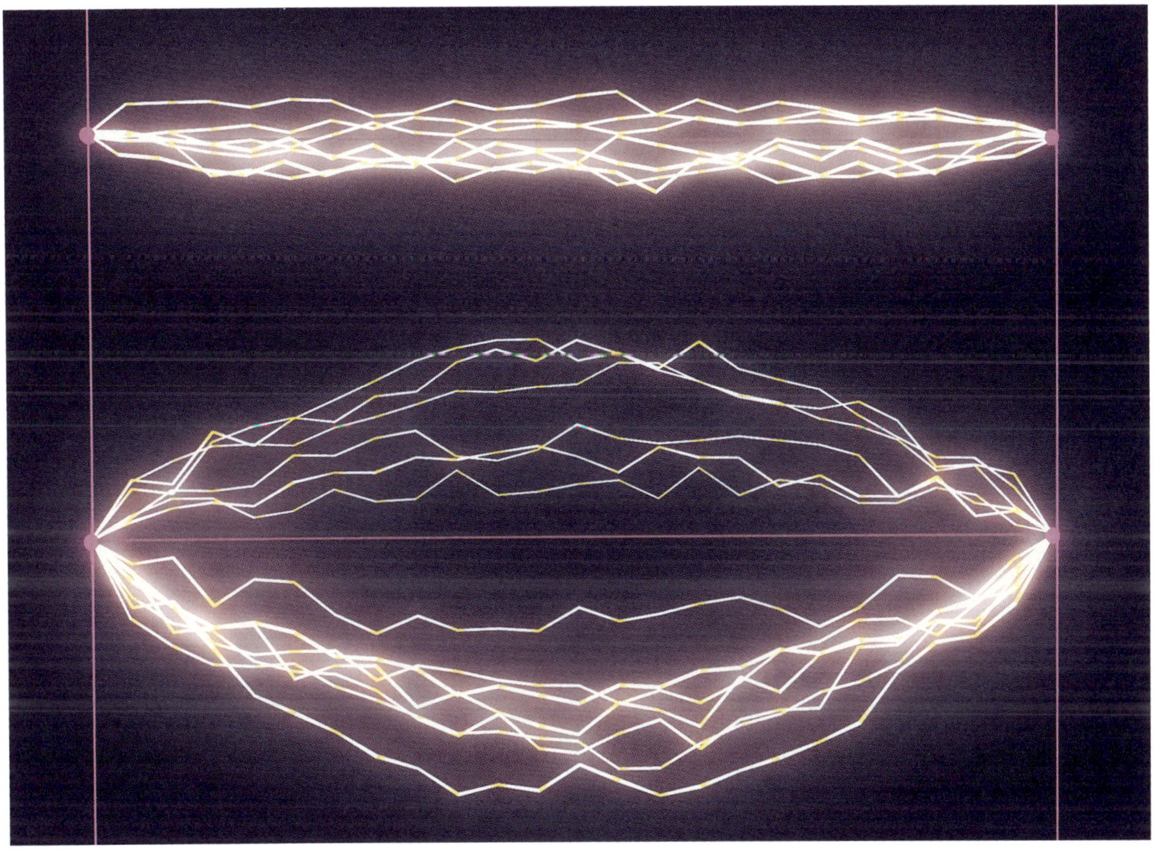

EINIGE PFADE VON A NACH B – *Der «klassische» Pfad zwischen zwei Punkten ist eine gerade Linie. Die Phasen, die in der Nähe des klassischen Pfads liegen, verstärken sich letztlich, während die entfernteren Pfade sich tendenziell aufheben.*

System nicht unauffällig ins Auge fassen – wie den Senfklecks, den unsere Vorgesetzte am Kinn hat –, ohne einzugreifen? Nein. Laut der Quantenphysik können wir nichts «nur» beobachten. Das trägt dem Umstand Rechnung, dass wir, um eine Beobachtung vorzunehmen, mit dem beobachteten Objekt wechselwirken müssen. Um beispielsweise ein Objekt im herkömmlichen Sinne zu sehen, bestrahlen wir es mit Licht. Wenn wir einen Kürbis mit Licht bestrahlen, wird das natürlich wenig bewirken. Doch wenn wir auch nur ein schwaches Licht auf ein winziges Quantenteilchen werfen – es mit Photonen beschießen –, erzielen wir eine beträchtliche Wirkung. Wie sich gezeigt hat, verändert das die Ergebnisse eines Experiments in genau der Weise, die die Quantenphysik beschreibt.

Nehmen wir wie oben an, dass wir einen Teilchenstrom auf die Trennwand eines Doppelspaltexperiments lenken und die Daten der ersten Million ausgetretener Teilchen sammeln. Wenn wir die Zahl der an verschiedenen Nachweispunkten gelandeten Teilchen in einem Diagramm darstellen, bilden die Daten das auf Seite 65 abgebildete Interferenzmuster. Und wenn wir die Phasen addieren, die mit all den möglichen Pfaden vom Ausgangspunkt A eines Teilchens bis zu seinem Nachweispunkt B verknüpft sind, stellen wir fest, dass die Wahrscheinlichkeit, die wir für das Auftreffen an verschiedenen Punkten errechnet haben, mit den Daten übereinstimmt.

Nehmen wir jetzt an, dass wir das Experiment wiederholen, wobei wir dieses Mal die Spalte mit Licht bestrahlen, damit wir einen zwischen A und B liegenden Punkt C ermitteln, den das Teilchen passiert. Wir können für C zum Beispiel die Position des einen oder des anderen Spalts wählen. Das nennen wir die «Welcher-Pfad-Information», weil sie uns zu jedem Teilchen sagt, ob es sich von A zu Spalt 1 zu B bewegt hat oder von A zu Spalt 2 zu B. Da wir wissen, welchen Spalt jedes Teilchen passiert hat, sind unter den Pfaden in unserer Summe für dieses Teilchen jetzt nur solche vertreten, die durch Spalt 1, oder nur solche, die durch Spalt 2 führen. Unter keinen Umständen werden sich darunter sowohl die durch Spalt 1 führenden als auch die durch Spalt 2 führenden Pfade befinden. Da Feynman das Interferenzmuster durch die Interferenz der durch den einen Spalt führenden Pfade mit den durch den anderen Spalt führenden Pfaden erklärte, hebt man das Interferenzmuster auf, wenn man ein Licht einschaltet, um festzustellen, durch welchen Spalt sich die Teilchen bewegen, und dadurch die andere Möglichkeit ausschließt. Und tatsächlich verwandeln wir das Interferenzmuster von Seite 65 in das von Seite 64, wenn wir bei Durchführung dieses Experiments das Licht einschalten! Wir können das Experiment auch abwandeln, indem wir sehr schwaches Licht verwenden, sodass nicht alle Teilchen mit dem Licht wechselwirken. Dann erhalten wir «Welcher-Pfad-Informationen» nur für eine Teilmenge der Teilchen. Wenn wir die Daten über die Auftreffpunkte der Teilchen danach aufteilen, ob wir «Welcher-Pfad-Informationen» vorliegen haben oder nicht, dann ergibt sich, dass die Daten für die Teilmenge ohne «Welcher-Pfad-Informationen» ein Interferenzmuster bilden, während die Untermenge der Daten für Teilchen mit diesen Informationen keine Interferenz erkennen lässt.

Diese Beobachtung hat große Bedeutung für unseren Vergangenheitsbegriff. Nach Newtons Theorie existiert die Vergangenheit als eine eindeutige Ereignisfolge. Wenn Sie die Vase, die Sie letztes Jahr in Italien gekauft haben, zerbrochen auf dem Boden liegen sehen, während Ihr kleiner Sohn mit schuldbewusster Miene danebensteht, können Sie im Geist die Ereignisse zurückverfolgen, die zu dem Missgeschick führten: die kleinen Finger, die losließen, die Vase, die fiel und beim Aufprall in tausend Stücke zersprang. Wenn wir über alle Daten der Gegenwart verfügen, können wir mit Newtons Gesetzen ein vollständiges Bild der Vergangenheit entwerfen. Das entspricht unserem intuitiven Verständnis, dass die Welt – ob schmerzlich oder fröhlich – eine eindeutige Vergangenheit besitzt. Vielleicht hat es keinen Beobachter gegeben, doch die Vergangenheit existiert so gewiss, als hätten Sie eine Anzahl Schnappschüsse von ihr gemacht. Doch von einem Fulleren, das den Quantengesetzen unterliegt, lässt sich nicht sagen, es sei einem eindeutigen Pfad von der Quelle zum Schirm gefolgt. Wir könnten den Aufenthaltsort eines Fullerens bestimmen, indem wir es beobachten, doch zwischen den Beobachtungen folgt es allen irgend möglichen Pfaden.

Die Quantenphysik sagt uns, dass, egal wie gründlich unsere Beobachtungen der Gegenwart sein mögen, die (unbeobachtete) Vergangenheit unbestimmt wie die Zukunft ist und nur als ein Spektrum von Möglichkeiten existiert. Das Universum hat laut Quantenphysik nicht nur eine einzige Vergangenheit, nicht nur eine einzige Geschichte.

Der Umstand, dass die Vergangenheit nicht eindeutig bestimmt ist, bringt auch mit sich, dass sich Beobachtungen, die man in der Gegenwart an einem System vornimmt, auf seine Vergangenheit auswirken können. Das wird ziemlich spektakulär durch ein Experiment unterstrichen, das der Physiker John Wheeler ersann; er nannte es ein «Experiment mit verzögerter Wahl». Im Prinzip gleicht ein solches Experiment dem eben beschriebenen Doppelspaltexperiment, bei dem man die Möglichkeit hat, den vom Teilchen verfolgten Pfad zu beobachten, nur dass man in diesem Fall die Entscheidung, ob man den Pfad beobachtet oder nicht, bis zu einem Zeitpunkt unmittelbar vor dem Aufschlag des Teilchens auf dem Sichtschirm hinausschiebt.

Experimente mit verzögerter Wahl liefern die gleichen Daten wie die, die wir erhalten, wenn wir entscheiden, die «Welcher-Pfad-Informationen» durch Beobachtung der Spalte zu ermitteln (oder nicht zu ermitteln). Doch bei verzögerter Wahl wird der von jedem Teilchen verfolgte Pfad, das heißt seine Vergangenheit, erst bestimmt, nachdem es die Spalte schon lange passiert hat und sich mutmaßlich «entscheiden» musste, ob es nur einen Spalt passieren wollte, was keine Interferenz hervorruft, oder beide Spalte, was zu Interferenz führt.

Wheeler dachte sogar an eine kosmische Version des Experiments, in der die Teilchen Photonen sind, die viele Lichtjahre entfernt von einem mächtigen Quasar emittiert werden. Solches Licht könnte sich in zwei Pfade teilen und dadurch wieder in Richtung Erde fokussiert werden, sodass eine dazwischen liegende Galaxie als sogenannte Gravitationslinse wirkt. Zwar übersteigt das Experiment unsere heutigen technischen Möglichkeiten, doch wenn es uns gelänge, genügend Photonen dieses Lichts aufzufangen, müssten sie ein Interferenzmuster bilden. Würden wir aber kurz vor dem Nachweis ein Gerät zur Messung der «Welcher-Pfad-Information» einsetzen, müsste das Muster verschwinden. Die Entscheidung, den einen oder den anderen Pfad zu wählen, wäre in diesem Fall schon Jahrmilliarden zuvor getroffen worden – noch vor Entstehung der Erde oder vielleicht sogar der Sonne –, und doch würde sich unsere Beobachtung im Labor auf diese Entscheidung auswirken.

In diesem Kapitel haben wir die Quantenphysik mit Hilfe des Doppelspaltexperiments erläutert. Im Fortgang werden wir Feynmans Formulierung der Quantenmechanik auf das Universum als Ganzes anwenden. Wir werden sehen, dass das Universum – wie ein Teilchen – nicht nur eine einzige, sondern jede mögliche Geschichte hat, jede mit ihrer eigenen Wahrscheinlichkeit, und dass unsere Beobachtungen seines gegenwärtigen Zustands sich auf seine Vergangenheit auswirken und die verschiedenen Geschichten des Universums bestimmen, so wie die Beobachtungen der Teilchen beim Doppelspaltexperiment sich auf die Vergangenheit der Teilchen auswirken. Diese Analyse wird zeigen, wie die Naturgesetze in unserem Universum aus dem Urknall entstanden sind.

Doch bevor wir den Entstehungsprozess dieser Gesetze untersuchen, wollen wir uns ein wenig klarer über ihr Wesen werden und die von ihnen aufgeworfenen Rätsel betrachten.

KAPITEL 5

DIE THEORIE VON ALLEM

«Das Unverständlichste am Universum ist, dass es verständlich ist.»
Albert Einstein

Das Universum ist verständlich, weil es von Naturgesetzen regiert wird, oder anders ausgedrückt: weil sich sein Verhalten modellieren lässt. Doch was sind das für Gesetze oder Modelle? Die erste Kraft, die mathematisch beschrieben wurde, war die Gravitation. Newtons 1687 veröffentlichtes Gravitationsgesetz besagte, dass jedes Objekt im Universum jedes andere Objekt mit einer seiner Masse proportionalen Kraft anzieht. Es machte großen Eindruck auf die Gelehrten seiner Zeit, weil es zum ersten Mal zeigte, dass sich zumindest ein Aspekt des Universums exakt modellieren ließ, und weil es die dazu erforderlichen mathematischen Instrumente schuf. Die Vorstellung, dass es Naturgesetze gibt, warf ähnliche Fragen auf wie diejenigen, die Galilei fünfzig Jahre zuvor eine Verurteilung wegen Ketzerei eingetragen hatten. Beispielsweise erzählt die Bibel die Geschichte von Josua, der darum betete, dass Sonne und Mond auf ihren Bahnen innehielten, damit er zusätzliches Tageslicht habe, um die Kämpfe gegen die Amoriter in Kanaan sieg reich zu beenden. Laut dem Buch Josua stand die Sonne ungefähr einen Tag lang still. Heute wissen wir, dass die Erde dazu hätte aufhören müssen zu rotieren, und wäre das geschehen, dann hätte nach Newtons Gesetzen alles, was nicht festgebunden gewesen wäre, seine Bewegung mit der ursprünglichen Geschwindigkeit (am Äquator 1670 Kilometer pro Stunde) fortgesetzt – ein hoher Preis für einen verzögerten Sonnenuntergang. Nichts von alledem störte Newton selbst, denn Newton glaubte ja, Gott könne in die Prozesse des Universums eingreifen und tue es auch.

Die nächsten Aspekte des Universums, für die ein Gesetz oder Modell entdeckt wurde, waren die elektrische und die magnetische Kraft. Sie verhalten sich wie die Gravitation, allerdings mit dem wichtigen Unterschied, dass zwei gleiche elektrische Ladungen oder zwei gleiche Magnetpole sich abstoßen, während ungleiche Ladungen oder gegenpolige Magnete sich anziehen. Die elektrische und die magnetische Kraft sind viel stärker als die Gravitation, doch in der alltäglichen Welt bemerken wir sie gewöhnlich nicht, weil ein makroskopischer Körper eine fast gleiche Zahl positiver und negativer elektrischer Ladungen enthält. Damit heben sich die elektrischen und magnetischen Kräfte zwischen zwei makroskopischen Körpern nahezu auf, im Gegensatz zu den Gravitationskräften, bei denen sich alle Teilbeträge aufaddieren.

Unsere heutigen Vorstellungen von der Elektrizität und vom Magnetismus haben sich in rund hundert Jahren von der Mitte des achtzehnten bis zur Mitte des neunzehnten Jahrhunderts entwickelt, als Physiker in mehreren Ländern eingehende Experimentalstudien elektrischer und magnetischer Kräfte vornahmen. Eine der wichtigsten Entdeckungen war die Verwandtschaft zwischen elektrischer und magnetischer Kraft: Eine bewegte elektrische Ladung übt eine Kraft auf Magneten aus, und ein bewegter Magnet übt eine Kraft auf elektrische Ladungen aus. Als Erster hat der dänische Physiker Hans Christian Ørsted entdeckt, dass es da einen Zusammenhang gibt. Bei den Vorbereitungen zu einer Vorlesung bemerkte Ørsted 1820, dass der von ihm verwendete Batteriestrom eine in der Nähe befindliche Kompassnadel ablenkte. Rasch erkannte er, dass bewegte Elektrizität eine magnetische Kraft erzeugt, und prägte den Begriff «Elektromagnetismus». Einige Jahre später überlegte sich der britische Physiker Michael Faraday, dass, wenn – modern ausgedrückt – ein elektrischer Strom ein Magnetfeld hervorrufen könne, ein solches Feld auch in der Lage sein müsse, einen elektrischen Strom zu erzeugen. Diesen Effekt wies er 1831 nach. Vierzehn Jahre später entdeckte Faraday auch einen Zusammenhang zwischen Elektromagnetismus und Licht, als er zeigte, dass starker Magnetismus sich auf die Eigenschaften von polarisiertem Licht auswirken kann.

Faradays Werdegang begann eher bescheiden. Er wurde als Sohn eines Schmieds bei London geboren und verließ mit dreizehn die Schule, um als Laufbursche und Buchbinder in einer Buchhandlung zu arbeiten. Dort erwarb er sich im Laufe der Jahre naturwissenschaftliche Kenntnisse, indem er die Bücher las, mit denen er sich eigentlich nur handwerklich befassen sollte, und indem er in seiner Freizeit einfache und erschwingliche Experimente durchführte. Schließlich bekam er eine Assistentenstelle im Labor des namhaften Chemikers Sir Humphrey Davy. Dort blieb Faraday dann die restlichen 45 Jahre seines Lebens und wurde nach Davys Tod dessen Nachfolger. Faraday hatte Schwierigkeiten mit der Mathematik, die er nie wirklich beherrschte, deshalb hatte er große Mühe, ein theoretisches Bild der merkwürdigen elektromagnetischen Phänomene zu entwerfen, die er in seinem Labor beobachtete. Trotzdem gelang es ihm.

Eine der wichtigsten neuen Ideen, die Faraday entwickelte, war das Konzept der Kraftfelder. Dank der vielen Bücher und Filme über glotzäugige Außerirdische und ihre Raumschiffe sind die meisten Menschen heutzutage vertraut mit

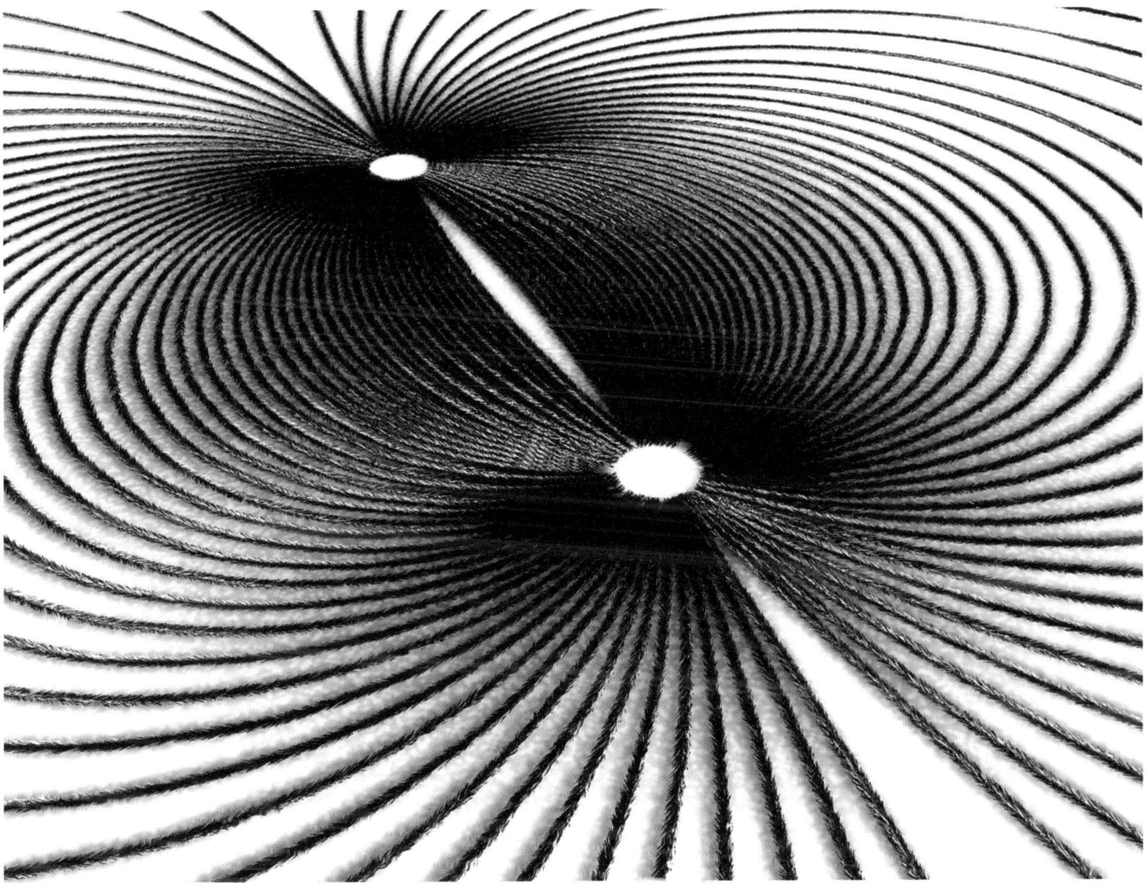

dem Begriff, deshalb müsste Faraday eigentlich Tantiemen bekommen. Doch in den Jahrhunderten zwischen Newton und Faraday schlug sich die Physik mit einem großen Rätsel herum:

KRAFTFELDER – *Das Kraftfeld eines Stabmagneten, veranschaulicht durch seine Wirkung auf Eisenfeilspäne.*

Ihre Gesetze schienen nahezulegen, dass Kräfte sich offenbar über den leeren Raum hinweg bemerkbar machten, der die wechselwirkenden Objekte trennte. Das behagte Faraday nicht. Er glaubte, um ein Objekt zu bewegen, müsse etwas mit ihm in Berührung kommen. Daher stellte er sich vor, der Raum zwischen elektrischen Ladungen und Magneten sei mit unsichtbaren Röhren gefüllt, die das Stoßen und Ziehen besorgten. Diese Röhren bezeichnete Faraday als Kraftfeld. Eine gute Art und Weise, ein Kraftfeld zu veranschaulichen, ist der Versuch, den wir alle aus der Schule kennen: Auf einer Glasplatte über einem Stabmagneten werden Eisenfeilspäne ausgeschüttet. Nach leichtem Klopfen zur Überwindung der Reibung bewegen sich die Späne, als würden sie von einer unsichtbaren Kraft herumgezogen, und ordnen sich von selbst zu einem Bogenmuster an, das sich von einem Pol des Magneten zum anderen erstreckt. Dieses Muster ist eine Karte der unsichtbaren, den Raum durchdringenden magnetischen Kraft. Da wir heute glauben, dass alle Kräfte von Feldern übertragen werden, handelt es sich um einen wichtigen Begriff der modernen Physik – nicht nur der Science-Fiction.

Einige Jahrzehnte lang blieb unser Verständnis des Elektromagnetismus auf diesem Stand, das heißt, es umfasste nur die Kenntnis einiger empirischer Gesetze; Hinweise, dass Elektrizität und Magnetismus eng, wenn auch auf rätselhafte Weise miteinander verwandt waren; die Erkenntnis, dass es irgendeinen Zusammenhang mit dem Licht gab; und den noch kaum verstandenen Feldbegriff. Es gab mindestens elf ausnahmslos unzulängliche Theorien des Elektromagnetismus. Dann brachte der schottische Physiker James Clerk Maxwell in den 1860er Jahren Faradays Überlegungen nach jahrelanger Arbeit in ein mathematisches System, das die enge und rätselhafte Beziehung zwischen Elektrizität, Magnetismus und Licht erklärte. Das Ergebnis war ein Satz von Gleichungen, die die elektrische und die magnetische Kraft als Manifestationen desselben physikalischen Gebildes erklärten: des elektromagnetischen Felds. Maxwell hatte Elektrizität und Magnetismus zu einer einzigen Kraft vereinigt. Außerdem zeigte er, dass sich elektromagnetische Felder im Raum als Welle ausbreiten können. Die Geschwindigkeit dieser Welle wird in seinen Gleichungen durch eine Zahl bestimmt, die er aus einige Jahre zuvor gemessenen Experimentaldaten errechnet hatte. Zu seinem Erstaunen war die berechnete Geschwindigkeit gleich der Lichtgeschwindigkeit, die damals auf ein Prozent genau bekannt war. Er hatte entdeckt, dass auch das Licht eine Erscheinungsform elektromagnetischer Wellen ist!

Heute nennen wir die Gleichungen, die elektrische und magnetische Felder beschreiben, Maxwell'sche Gleichungen. Nur wenige Menschen wissen von ihnen, dabei sind sie wahrscheinlich die wirtschaftlich wichtigsten Gleichungen, die wir kennen. Sie liegen nicht nur der Arbeitsweise aller möglichen Geräte zugrunde – von elektrischen Haushaltsgeräten bis Computern –, sondern beschreiben auch andere Wellen als das Licht: Mikrowellen, Radiowellen, Infrarotlicht, Röntgenstrahlen und viele mehr. Alle diese Wellen unterscheiden sich vom sichtbaren Licht nur in einer Hinsicht – ihrer Wellenlänge. Radiowellen haben Wellenlängen (also Abstände zwischen einem Wellenkamm und dem nächsten bzw. einem Wellental und dem nächsten) von einem Meter und mehr, bei sichtbarem Licht sind es nur einige zehnmillionstel Meter und bei Röntgenstrahlen ist es noch nicht mal ein hundertmillionstel Meter. Unsere Sonne emittiert Strahlung bei allen Wellenlängen, doch am intensivsten ist ihre Strahlung in jenen Bereichen, die wir sehen können. Wahrscheinlich ist es kein Zufall, dass die Sonne bei den Wellenlängen, die wir mit bloßem Auge sehen können, am intensivsten strahlt: Vermutlich haben unsere Augen die Fähigkeit, elektromagnetische Strahlung dieses Frequenzbereichs wahrzunehmen, ebendeshalb entwickelt, weil auf der Erde elektromagnetische Strahlung dieser Wellenlängen besonders reichlich zur Verfügung steht. Sollten wir jemals Lebewesen von anderen Planeten begegnen, werden sie wahrscheinlich die Fähigkeit haben, Strahlung derjenigen Wellenlängen zu «sehen», die ihre eigene Sonne am stärksten emittiert, gedämpft durch Faktoren wie die lichtschluckenden Eigenschaften des Staubs und der Gase in der Atmosphäre ihres Planeten. Außerirdische, deren stammesgeschichtliche Entwicklung sich unter dem Einfluss von Röntgenstrahlen vollzog, dürften also gute Berufsaussichten beim Sicherheitsdienst von Flughäfen haben.

Nach Maxwells Gleichungen breiten sich elektromagnetische Wellen mit einer Geschwindigkeit von rund 300 000 Kilometern pro Sekunde aus. Doch mit der Nennung einer Geschwindigkeit ist es nicht getan, wenn man nicht ein Bezugssystem angibt, relativ zu dem die Geschwindigkeit gemessen wird. Das ist kein Problem, über das Sie sich normalerweise im Alltag Gedanken machen müssten. Wenn ein Verkehrsschild eine Geschwindigkeitsbe-

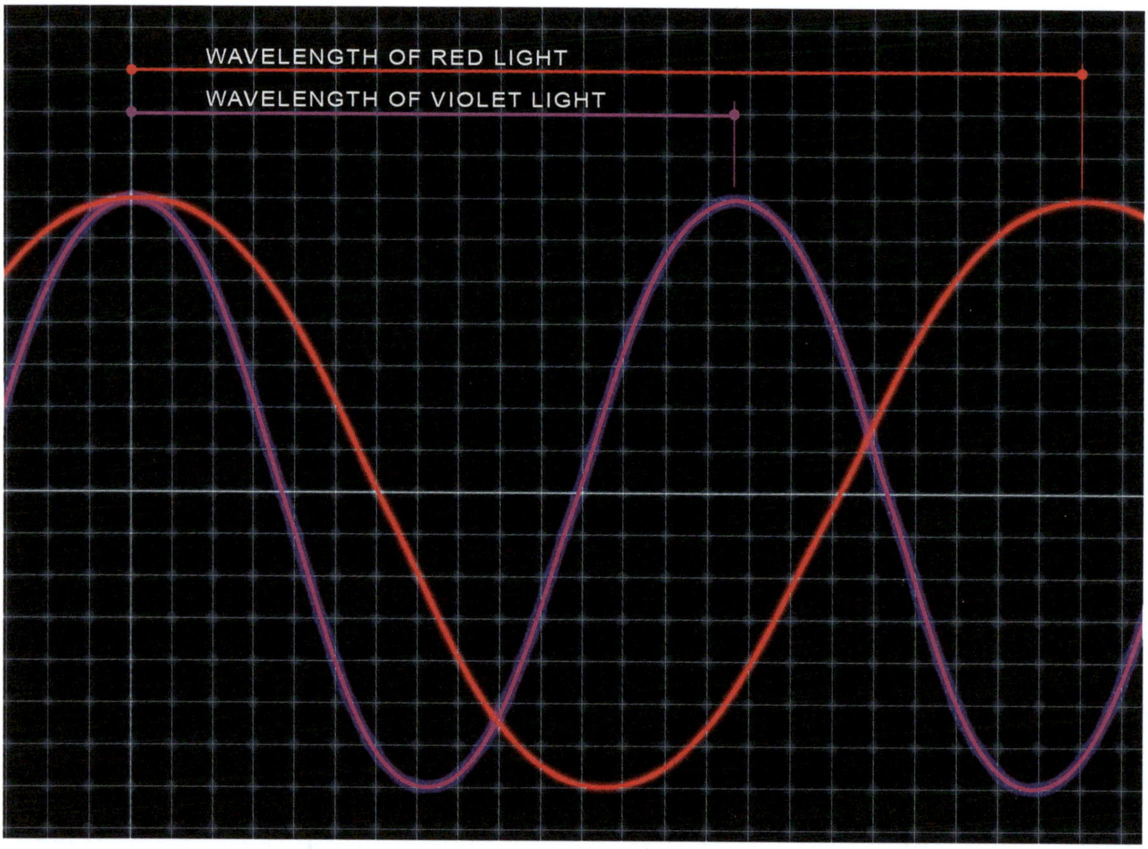

WELLENLÄNGEN – *Die Wellenlänge ist der Abstand zwischen benachbarten Kämmen (oder Tälern) einer Welle – hier demonstriert am Beispiel von rotem und violettem Licht.*

grenzung von 100 Stundenkilometern angibt, wird stillschweigend vorausgesetzt, dass Ihre Geschwindigkeit relativ zur Straße gemessen wird und nicht relativ zu dem Schwarzen Loch im Zentrum der Milchstraße. Doch selbst im

Alltag gibt es Gelegenheiten, bei denen Sie Bezugssysteme berücksichtigen müssen. Wenn Sie beispielsweise in zehntausend Metern Höhe mit einer Tasse Tee den Gang eines Düsenflugzeugs entlanggehen, könnten Sie sagen, Ihre Geschwindigkeit betrage drei Kilometer pro Stunde. Jemand am Boden würde dagegen sagen, Sie bewegen sich mit 915 Kilometern pro Stunde. Damit Sie nicht auf den Gedanken kommen, der eine oder der andere Beobachter sei näher an der Wahrheit, sollten Sie bedenken, dass, da die Erde die Sonne umkreist, jemand, der Sie von der Oberfläche dieses Himmelskörpers beobachten würde, Ihnen beiden widersprechen und erklären würde, Sie würden sich mit ungefähr 30 Kilometern pro Sekunde bewegen, ganz zu schweigen davon, dass er Sie um Ihre Klimaanlage beneiden würde. Als Maxwell behauptete, «die Lichtgeschwindigkeit» entdeckt zu haben, stellte sich natürlich angesichts solcher Unstimmigkeiten die Frage: Relativ wozu wird die Lichtgeschwindigkeit in Maxwells Gleichungen gemessen?

Es gibt keinen Grund zu der Annahme, dass der Geschwindigkeitsparameter in Maxwells Gleichungen eine Geschwindigkeit ist, die relativ zur Erde gemessen wird. Seine Gleichungen gelten schließlich für das gesamte Universum. Eine Zeitlang wurde eine alternative Antwort in Betracht gezogen: Die Gleichungen bestimmen die Lichtgeschwindigkeit relativ zu einem bislang unentdeckten, den gesamten Raum durchdringenden Medium, dem sogenannten Lichtäther. Mit diesem Wort hatte Aristoteles einen Stoff bezeichnet, von dem er meinte, dass er das ganze Universum außerhalb der Erdkugel erfülle. Dieser hypothetische Äther sollte nun das Medium sein, in dem sich die elektromagnetischen Wellen ausbreiteten wie der Schall in der Luft. Gäbe es den Äther, hätten wir einen absoluten Maßstab der Ruhe, nämlich die Ruhe relativ zum Äther, und infolgedessen auch eine absolute Methode zur Definition von Bewegung. Der Äther würde ein bevorzugtes Bezugssystem für das gesamte Universum liefern, dem gegenüber wir die Geschwindigkeit jedes Objekts bestimmen könnten. Die Existenz des Äthers wurde also aus theoretischen Gründen postuliert, was einige Wissenschaftler veranlasste, nach Möglichkeiten zu seiner Erforschung oder zumindest seinem Nachweis zu suchen. Einer dieser Wissenschaftler war Maxwell selbst.

Wenn Sie durch die Luft auf eine Schallwelle zurasen, nähert sich Ihnen die Welle rascher; wenn Sie ihr davonrasen, nähert sie sich langsamer. Wenn es einen Äther gäbe, sollte sich die Lichtgeschwindigkeit entsprechend verändern, je nach Ihrer relativen Bewegung zum Äther. Würde das Licht sich so verhalten wie der Schall, dann sollte es Reisenden, die rasch genug im Äther unterwegs wären, gelingen, den Lichtwellen zu entkommen, so wie Passagiere in einem Überschallflugzeug nie den Schall hören, der hinter dem Flugzeug entspringt. Von solchen Überlegungen ausgehend, schlug Maxwell ein Experiment vor. Wenn es einen Äther gebe, müsse sich die Erde bei ihrer Umrundung der Sonne durch ihn hindurchbewegen. Und da die Erde im Januar eine andere Richtung hat als, sagen wir, im April oder Juli, müsste man in der Lage sein, einen winzigen Unterschied in der Lichtgeschwindigkeit zu verschiedenen Jahreszeiten zu beobachten – vergleiche die Abbildung rechts.

Maxwell wurde die Absicht, seine Überlegungen in den *Proceedings of the Royal Society* zu veröffentlichen, von deren Herausgeber ausgeredet, der nicht glaubte, dass das Experiment klappen könnte. Doch 1879, kurz bevor er qualvoll an Magenkrebs starb, schrieb Maxwell einem Freund davon. Der Brief wurde posthum in der Zeitschrift *Nature* veröffentlicht, wo er unter anderem von dem amerikanischen Physiker Albert Michelson gelesen wurde. Angeregt von Maxwells Spekulation, führten Michelson und Edward Morley 1887 ein sehr empfindliches Experiment durch, bei dem sie messen wollten, mit welcher Geschwindigkeit sich die Erde durch den Äther bewegt. Sie hatten vor, die Geschwindigkeiten, mit denen sich das Licht in zwei verschiedene, rechtwinklig zueinander verlaufende Richtungen fortpflanzt, miteinander zu vergleichen. Wenn die Lichtgeschwindigkeit relativ zum Äther einen festen Wert hätte, dann hätten die Lichtgeschwindigkeiten sich je nach Richtung des Strahls unterscheiden müssen. Doch Michelson und Morley beobachteten keinen solchen Unterschied.

Das Ergebnis des Michelson-Morley-Experiments steht offensichtlich im Widerspruch zu dem Modell der durch den Äther sich ausbreitenden elektromagnetischen Wellen, folglich hätte es zur Aufgabe des Äthermodells führen müssen. Doch Michelson wollte die Erdgeschwindigkeit relativ zum Äther messen, nicht die Ätherhypothese beweisen oder widerlegen, und seine Beobachtung veranlasste ihn nicht zu dem Schluss, dass es den Äther nicht gab. Auch sonst kam niemand auf diesen Gedanken. Der berühmte Physiker Sir William Thomson (Lord Kelvin) sagte 1884: «Der Lichtäther ... ist der

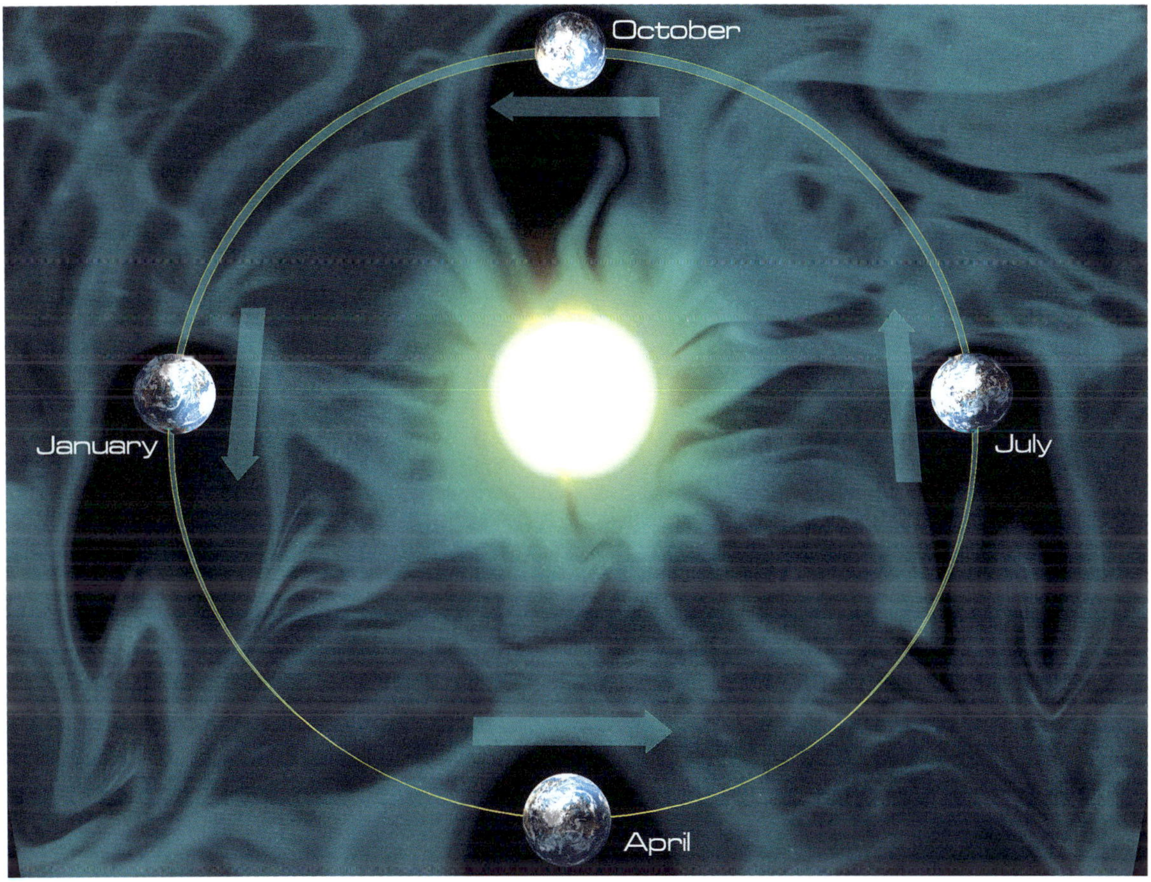

einzige Stoff, dessen wir uns in der Dynamik sicher sind. Wenn wir eines mit Gewissheit annehmen dürfen, dann die Realität und Stofflichkeit des Lichtäthers.»

BEWEGUNG DURCH DEN ÄTHER – *Wenn wir uns durch den Äther bewegten, müssten wir dies durch die Beobachtung jahreszeitlicher Schwankungen der Lichtgeschwindigkeit beweisen können.*

Wie konnte man trotz der Ergebnisse des Michelson-Morley-Experiments an den Äther glauben? Wie so oft – wir sprachen schon davon – versuchte man das Modell zu retten, indem man künstliche, nicht durch tiefere Prinzipien motivierte Ergänzungen ersann. Einige behaupteten, die Erde ziehe den Äther mit sich, weshalb wir uns eigentlich nicht relativ zu ihm bewegten. Der holländische Physiker Hendrik Antoon Lorentz und der irische Physiker George Francis FitzGerald stellten die These auf, dass in einem Bezugssystem, welches sich gegenüber dem Äther bewege, die Uhren langsamer liefen und die Entfernungen schrumpften – vermutlich infolge eines noch unbekannten mechanischen Effektes –, sodass man beim Licht trotzdem die gleiche Geschwindigkeit messe. Solche Bemühungen, das Ätherkonzept zu retten, dauerten fast zwanzig Jahre an, bis ein junger und unbekannter Angestellter des Berner Patentamts namens Albert Einstein einen bemerkenswerten Aufsatz veröffentlichte.

Einstein war 26 Jahre alt, als er 1905 den Artikel *Zur Elektrodynamik bewegter Körper* veröffentlichte. Darin äußerte er die einfache Vermutung, dass die Gesetze der Physik und insbesondere die Lichtgeschwindigkeit allen gleichförmig bewegten Beobachtern gleich erscheinen müssten. Wie sich herausstellte, verlangt dieser Gedanke eine radikale Veränderung unserer Vorstellung von Raum und Zeit. Stellen Sie sich, um das zu verstehen, zwei Ereignisse vor, die am selben Ort, aber zu verschiedenen Zeiten in einem Düsenflugzeug stattfinden. Für einen Beobachter im Flugzeug ist der räumliche Abstand zwischen diesen beiden Ereignissen null. Doch für einen zweiten Beobachter auf dem Boden sind die beiden Ereignisse durch die Entfernung getrennt, die das Flugzeug in der Zeit zwischen den beiden Ereignissen zurückgelegt hat. Das zeigt, dass Aussagen, die zwei relativ zueinander bewegte Beobachter über den Abstand zwischen zwei Ereignissen treffen, im Allgemeinen nicht übereinstimmen werden.

Nehmen wir jetzt an, die beiden Beobachter sehen einen Lichtimpuls, der sich vom Heck des Flugzeugs bis zu seiner Nase bewegt. Wie im obigen Beispiel werden sie sich nicht über die Entfernung einig werden, die das Licht vom Zeitpunkt seiner Emission am Flugzeugschwanz bis zu seiner Ankunft an der Nase zurückgelegt hat. Da Geschwindigkeit gleich der zurückgelegten Entfernung geteilt durch die verstrichene Zeit ist, folgt daraus, dass die Beobachter, wenn sie sich hinsichtlich der Geschwindigkeit des Impulses – der Lichtgeschwindigkeit – einig

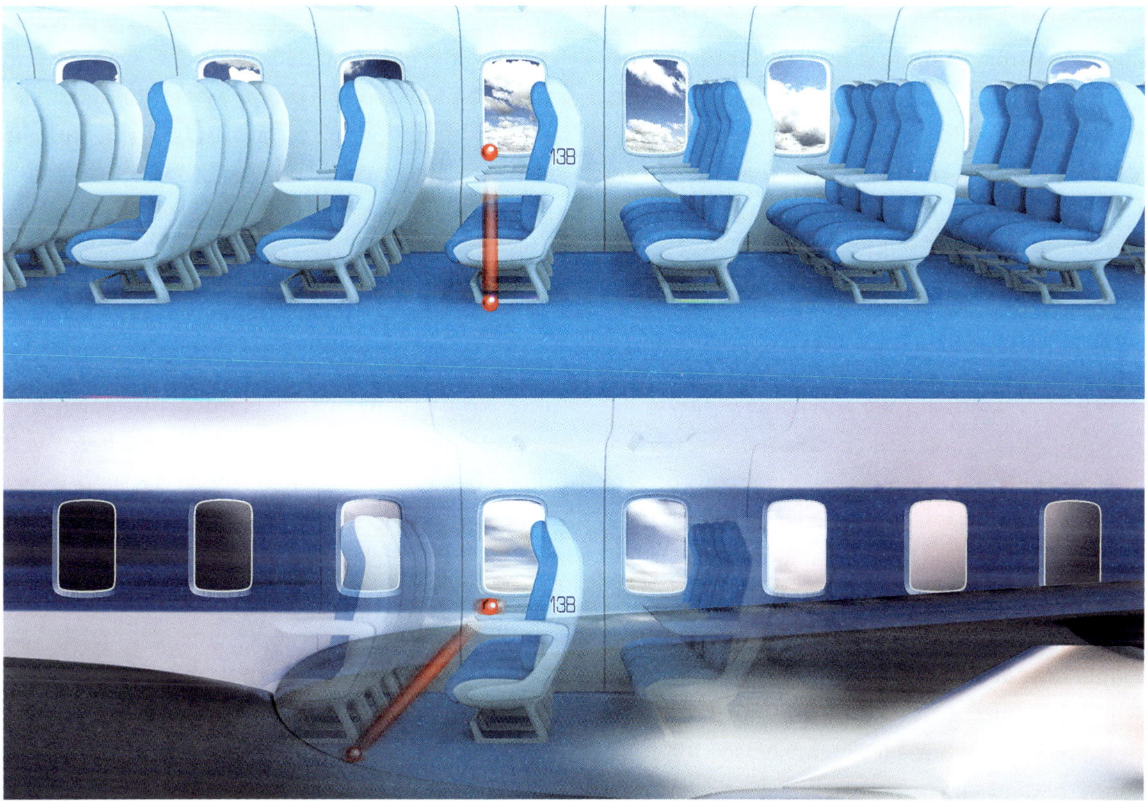

sind, keine Übereinstimmung hinsichtlich des Zeitintervalls zwischen Emission und Ankunft erzielen.

Merkwürdig ist das, weil die Beobachter *denselben physikalischen Prozess* beobachten, obwohl sie verschiedene Zeiten messen. Einstein

DÜSENFLUGZEUG IN BEWEGUNG – *Wenn Sie in einem Düsenflugzeug einen Ball aufspringen lassen, kommt ein Beobachter an Bord zu dem Ergebnis, dass der Ball jedes Mal an derselben Stelle aufspringt, während ein Beobachter am Boden einen großen Abstand zwischen den Aufprallpunkten misst.*

unternahm keinen Versuch, dafür eine künstliche Erklärung zu finden. Er zog daraus den logischen, wenn auch überraschenden Schluss, dass die Messung der in Anspruch genommenen Zeit wie auch der zurückgelegten Entfernung von dem Beobachter abhängt, der die Messung vornimmt. Dieser Effekt ist ein Schlüssel zu der Theorie, die Einstein in seinem Aufsatz aus dem Jahr 1905 vorlegte. Sie bekam die Bezeichnung «spezielle Relativitätstheorie».

Es ist ersichtlich, wie sich diese Analyse auf Zeitmessgeräte auswirken könnte, wenn wir uns vorstellen, dass zwei Beobachter auf eine Uhr schauen. Nach der speziellen Relativitätstheorie scheint die Uhr für einen relativ zur Uhr ruhenden Beobachters rascher zu gehen. Beobachter, die sich in Bezug auf die Uhr nicht in Ruhe befinden, haben den Eindruck, dass die Uhr langsamer geht. Wenn wir einen Lichtimpuls, der sich vom Heck zur Nase des Flugzeugs bewegt, mit dem Ticken einer Uhr vergleichen, stellen wir fest, dass die Uhr für den Beobachter am Boden langsamer geht, weil der Lichtstrahl in diesem Bezugssystem eine größere Entfernung zurücklegen muss. Doch der Effekt hängt nicht vom Mechanismus der Uhr ab; er gilt für alle Uhren, sogar unsere biologischen.

Einsteins Arbeit zeigte, dass Zeit, wie Ruhe, anders als Newton dachte, nicht absolut sein kann. Mit anderen Worten, es ist unmöglich, jedem Ereignis eine Zeit zuzuschreiben, auf die sich alle Beobachter einigen können. Stattdessen hat jeder Beobachter sein eigenes Zeitmaß, und die Zeiten, die zwei relativ zueinander in Bewegung befindliche Beobachter messen, stimmen nicht überein. Einsteins Theorie widerspricht unserer intuitiven Erwartung, weil ihre Konsequenzen sich bei den normalen Geschwindigkeiten in unserer alltäglichen Welt nicht bemerkbar machen. Doch sie sind experimentell wiederholt bestätigt worden. Denken Sie sich beispielsweise eine ruhende Referenzuhr im Mittelpunkt der Erde, eine andere Uhr an der Erdoberfläche und eine dritte Uhr an Bord eines Flugzeugs, das entweder mit oder gegen die Richtung der Erdrotation fliegt. Relativ zur Uhr im Erdmittelpunkt bewegt sich die Uhr, die an Bord des Flugzeugs ostwärts – in Richtung der Erdrotation – fliegt, rascher als die Uhr an der Erdoberfläche und muss daher langsamer gehen. Umgekehrt bewegt sich die Uhr an Bord des Flugzeugs, das westwärts – gegen die Erdrotation – fliegt, relativ zur Uhr im Erdmittelpunkt langsamer als die Uhr an der Erdoberfläche, woraus folgt, dass die Uhr im Flugzeug

rascher gehen müsste als die an der Oberfläche. Genau das wurde im Oktober 1971 beobachtet, als eine sehr präzise Atomuhr um die Erde geflogen wurde. Sie können also Ihr Leben verlängern, indem Sie ständig nach Osten um die Welt fliegen, wobei Ihnen allerdings die

ZEITDEHNUNG – *Bewegte Uhren scheinen langsamer zu gehen. Da das auch für biologische Uhren gilt, scheinen auch bewegte Menschen langsamer zu altern, doch machen Sie sich keine falschen Hoffnungen – bei alltäglichen Geschwindigkeiten könnte keine normale Uhr den Unterschied messen.*

Filme, die an Bord gezeigt werden, bald auf die Nerven gehen dürften. Der Effekt ist jedoch sehr klein, rund 180 Milliardstel einer Sekunde pro Umlauf (und würde zusätzlich durch die Wirkung des Gravitationsunterschieds noch verringert, doch das soll uns hier nicht interessieren).

Einsteins Arbeit brachte die Physiker zu der Erkenntnis, dass sich die Zeit, wenn man das Postulat einer in allen Bezugssystemen gleichen Lichtgeschwindigkeit auf Maxwells elektromagnetische Theorie anwendet, nicht mehr unabhängig von den drei Dimensionen des Raums behandeln lässt. Vielmehr sind Zeit und Raum miteinander verflochten. Zu den üblichen Richtungen rechts/links, vorwärts/rückwärts und aufwärts/abwärts wird gewissermaßen eine vierte – in die Zukunft/in die Vergangenheit – hinzugefügt. In der Physik bezeichnen wir diese Vereinigung von Raum und Zeit als «Raumzeit» und – da die Raumzeit eine vierte Richtung einführt – die Zeit als die vierte Dimension. In der Raumzeit ist die Zeit nicht mehr von den drei räumlichen Dimensionen getrennt. So wie die Definition von links/rechts, vorwärts/rückwärts oder aufwärts/abwärts von der Orientierung des Beobachters abhängt, so hängt, grob gesagt, die Richtung der Zeit von der Geschwindigkeit des Beobachters ab. Beobachter, die sich mit unterschiedlichen Geschwindigkeiten bewegen, weisen der Zeit in der Raumzeit unterschiedliche Richtungen zu. Insofern war Einsteins spezielle Relativitätstheorie ein neues Modell, das die Begriffe der absoluten Zeit und absoluten Ruhe (das heißt der Ruhe relativ zum unbeweglichen Äther) ad absurdum führte.

Schon bald erkannte Einstein, dass noch weitere Veränderungen notwendig waren, um die Gravitation mit der Relativitätstheorie in Einklang zu bringen. Laut Newtons Theorie ziehen sich Objekte zu einem gegebenen Zeitpunkt mit einer Kraft an, die von ihrem Abstand voneinander zu ebendiesem Zeitpunkt abhängt. Nun hatte die Relativitätstheorie aber den Begriff der absoluten Zeit aufgehoben, sodass sich beim besten Willen nicht mehr bestimmen ließ, wann der Abstand zwischen den Massen gemessen werden sollte. Infolgedessen war Newtons Gravitationstheorie nicht im Einklang mit der speziellen Relativitätstheorie und musste verändert werden. Der Widerspruch mag sich nach einer bloßen technischen Schwierigkeit anhören – vielleicht ließ sich eine Einzelheit irgendwie «hinbiegen», ohne die Theorie allzu sehr zu verändern. Nichts konnte falscher sein, wie sich herausstellte.

Im Laufe der folgenden elf Jahre entwickelte Einstein eine neue Gravitationstheorie, die er «allgemeine Relativitätstheorie» nannte. Der Gravitationsbegriff in der allgemeinen Relativitätstheorie hat nicht mehr die geringste Ähnlichkeit mit Newtons Vorstellungen. Vielmehr beruht er auf der revolutionären These, dass die Raumzeit nicht, wie bis dahin angenommen, flach, sondern durch die in ihr enthaltene Masse und Energie gekrümmt und verzerrt ist.

Sehr schön lässt sich diese Krümmung vergegenwärtigen, indem man an die Oberfläche der Erde denkt. Zwar ist die Erdoberfläche nur zweidimensional (weil es auf ihr nur zwei Richtungen gibt: Nord/Süd und Ost/West), trotzdem soll sie uns als Beispiel dienen, weil ein gekrümmter zweidimensionaler Raum leichter vorstellbar ist als ein gekrümmter vierdimensionaler Raum. Die Geometrie gekrümmter Räume wie der Erdoberfläche ist nicht dasselbe wie die uns vertraute euklidische Geometrie. Beispielsweise ist an der Erdoberfläche der kürzeste Abstand zwischen zwei Punkten – den wir aus der euklidischen Geometrie als Gerade kennen – die Strecke, die zwei Punkte entlang eines sogenannten Großkreises verbindet. (Ein Großkreis ist ein Kreis auf der Erdoberfläche, dessen Mittelpunkt mit dem Erdmittelpunkt zusammenfällt. Der Äquator ist ebenso ein Großkreis wie jeder Kreis, den man dadurch erhält, dass man den Äquator um eine beliebige den Erdmittelpunkt schneidende Achse verdreht.)

Stellen Sie sich beispielsweise vor, Sie möchten von New York nach Madrid reisen, zwei Städte, die auf der gleichen Breite liegen. Wäre die Erde flach, wäre der kürzeste Weg, direkt nach Osten zu reisen. In diesem Fall würden Sie nach 5965 Kilometern in Madrid eintreffen. Doch infolge der Erdkrümmung gibt es einen Weg, der auf der flachen Karte gekrümmt und deshalb länger aussieht, in Wirklichkeit aber kürzer ist. Sie können schon nach 5800 Kilometern ans Ziel gelangen, wenn Sie dem Großkreis-Weg folgen, das heißt sich zuerst in Richtung Nordosten halten, dann allmählich nach Osten wenden und schließlich nach Südosten reisen. Der Unterschied zwischen diesen beiden Routen ist der Erdkrümmung zu verdanken und verweist auf die nichteuklidische Geometrie. Fluglinien wissen das und lassen ihre Piloten, wenn irgend möglich, Großkreis-Routen fliegen.

Nach Newtons Bewegungsgesetzen folgen Objekte wie Kanonenkugeln, Croissants und Planeten geraden Bahnen, wenn nicht eine Kraft wie die Gravitation auf sie einwirkt. Doch

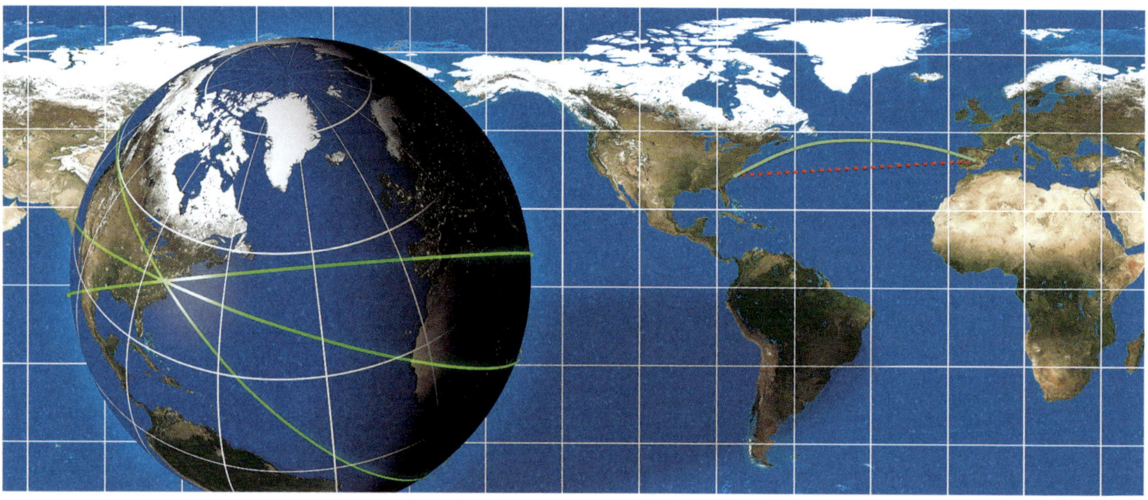

GEODÄTEN – *Der kürzeste Abstand zwischen zwei Punkten auf der Erdoberfläche erscheint gekrümmt, wenn er auf einer flachen Karte abgebildet wird. Das sollten Sie sich merken, falls Sie mal einem Alkoholtest unterzogen werden.*

die Gravitation ist nach Einsteins Theorie nicht eine Kraft wie andere auch, sondern resultiert daraus, dass die Masse die Raumzeit verzerrt und Krümmungen hervorruft. Gemäß Einsteins Theorie bewegen sich Objekte auf sogenannten Geodäten – das sind die geradestmöglichen Bahnen in einem gekrümmten Raum. Auf einer flachen Ebene sind die Geodäten eben die Geraden, auf einer Kugelfläche wie der Erdoberfläche sind die Geodäten die Großkreise. In Abwesenheit von Materie entsprechen die Geodäten in der vierdimensionalen Raumzeit geraden Bahnen im dreidimensionalen Raum. Doch wenn Materie zugegen ist und die Raumzeit verzerrt, krümmen sich die Bahnen der Körper im entsprechenden dreidimensionalen Raum in einer Weise, die in der Newton'schen Theorie durch die Gravitationsanziehung erklärt wurde. Wenn die Raumzeit nicht flach ist, erscheinen die Bahnen der Objekte gekrümmt und vermitteln den Eindruck, eine Kraft wirke auf sie ein.

In Situationen, in denen die Gravitation

überhaupt keine Rolle spielt, führt Einsteins allgemeine Relativitätstheorie auf exakt die gleichen Vorhersagen wie die spezielle Relativitätstheorie. Für Situationen mit sehr schwacher Gravitation – das ist in unserem gesamten Sonnensystem der Fall – führt sie auf fast die gleichen Vorhersagen wie Newtons Gravitationstheorie. Aber eben nicht auf ganz die gleichen: Würde nämlich die allgemeine Relativitätstheorie nicht in Satellitennavigationssystemen wie GPS berücksichtigt, würden Fehler in der globalen Positionsbestimmung um etwa zehn Kilometer pro Tag anwachsen! Doch die eigentliche Bedeutung der allgemeinen Relativitätstheorie liegt nicht in ihrer Anwendung auf Geräte, die Sie zu neuen Restaurants leiten, sondern darin, dass sie ein ganz anderes Modell des Universums liefert, das neue Effekte wie Gravitationswellen und Schwarze Löcher vorhersagt. Vereinfacht gesagt, hat die allgemeine Relativitätstheorie die Physik in Geometrie verwandelt. Die moderne Technik ist so leistungsfähig, dass sie uns viele präzise Tests der allgemeinen Relativitätstheorie ermöglicht, und die Theorie hat jeden davon bestanden.

Obwohl Maxwells Theorie des Elektromagnetismus und Einsteins Gravitationstheorie – die allgemeine Relativitätstheorie – die Physik revolutioniert haben, sind sie beide, wie Newtons Physik, klassische Theorien. Das heißt, sie sind Modelle, in denen das Universum eine einzige Geschichte hat. Wie im vorangegangenen Kapitel gesehen, stimmen diese Modelle auf der atomaren und subatomaren Ebene nicht mit den Beobachtungen überein. Vielmehr müssen wir uns dort an Quantentheorien halten, nach denen das Universum alle denkbaren Geschichten haben kann, jede mit ihrer eigenen Wahrscheinlichkeit. Zur Berechnung alltäglicher Gegebenheiten können wir aus praktischen Gründen weiterhin die klassischen Theorien verwenden, doch wenn wir das Verhalten von Atomen und Molekülen verstehen wollen, brauchen wir eine Quantenversion der Maxwell'schen Theorie des Elektromagnetismus; und wenn wir das frühe Universum verstehen möchten – zu einem Zeitpunkt, als alle Materie und Energie des beobachtbaren Universums in einem winzig kleinen Volumen zusammengepresst waren –, brauchen wir eine Quantenversion der allgemeinen Relativitätstheorie. Außerdem brauchen wir diese Theorien, weil wir bei der Suche nach einem grundlegenden Verständnis der Natur kein konsistentes, das heißt widerspruchfreies Ergebnis erhielten, wenn einige der Gesetze quantenphysikalisch und andere klassisch wären. Deshalb brauchen wir Quantenversionen aller Naturgesetze. Solche Theorien werden als Quantenfeldtheorien bezeichnet.

Die bekannten Naturkräfte lassen sich in vier Klassen unterteilen:

1. *Gravitation.* Das ist die schwächste der vier, aber eine weitreichende Kraft, die auf alles im Universum anziehend wirkt. Bei großen Körpern können die Gravitationskräfte sich daher aufaddieren und sich so gegen alle anderen Kräfte durchsetzen.
2. *Elektromagnetismus.* Auch er ist eine weitreichende Kraft, die zwar viel stärker als die Gravitation ist, aber nur auf Teilchen mit einer elektrischen Ladung wirkt, und zwar zwischen Ladungen mit gleichem Vorzeichen abstoßend sowie zwischen Ladungen mit umgekehrten Vorzeichen anziehend. Das hat zur Folge, dass die elektrischen Kräfte zwischen großen Körpern einander aufheben, diese Kräfte aber auf der Größenebene der Atome und Moleküle vorherrschend sind. Die elektromagnetischen Kräfte sind für alle chemischen und biologischen Vorgänge verantwortlich.
3. *Schwache Kernkraft.* Sie verursacht bestimmte Arten der Radioaktivität und spielt eine entscheidende Rolle bei der Elementbildung in Sternen und im frühen Universum. Im Alltag bekommen wir es mit dieser Kraft jedoch nicht zu tun.
4. *Starke Kernkraft.* Sie bindet die Protonen und Neutronen im Kern eines Atoms. Außerdem hält sie die Protonen und Neutronen selbst zusammen, was notwendig ist, weil diese Teilchen aus noch winzigeren Teilchen bestehen, den in Kapitel 3 erwähnten Quarks. Die starke Kernkraft ist die Energiequelle für die Sonne und für die Kernenergie, doch wie mit der schwachen Kraft haben wir auch mit ihr nicht unmittelbar zu tun.

Die erste Kraft, für die eine Quantenversion entwickelt wurde, war der Elektromagnetismus. Die Quantentheorie des elektromagnetischen Felds, die sogenannte Quantenelektrodynamik, kurz QED, wurde in den vierziger Jahren von Richard Feynman und anderen ausgearbeitet und zum Vorbild für alle weiteren Quantenfeldtheorien. Wie geschildert, werden nach den klassischen Theorien Kräfte von Feldern übertragen. Bei den Quantenfeldtheorien stellt man sich dazu vor, dass die Kraftfelder aus spezifischen Elementarteilchen, sogenannten Bosonen, bestehen – kräftetragenden Teilchen, die zwischen Materieteilchen hin- und herfliegen und die Kräfte zwischen ihnen übertragen. Die Materieteilchen, zum Beispiel Elektronen und Quarks, heißen Fermionen. Das Photon – das Lichtteilchen – ist ein Beispiel für ein Boson. Es ist dasjenige Boson, das die elektromagnetische Kraft überträgt. Dabei geschieht Folgendes: Ein Materieteilchen wie etwa ein Elektron emittiert ein Boson – ein Kraftteilchen – und prallt infolgedessen zurück, ähnlich dem Rücklauf eines Geschützrohrs, nachdem es eine Granate abgefeuert hat. Daraufhin stößt das Kraftteilchen mit einem anderen Materieteilchen zusammen und wird absorbiert, wodurch sich die Bewegung dieses Teilchens verändert. Nach der QED werden alle Wechselwirkungen zwischen geladenen Teilchen – Teilchen, die der elektromagnetischen Kraft unterliegen – als Photonenaustausch beschrieben.

Als man die Vorhersagen der QED überprufte, stellte man fest, dass sie sich in hohem Maße mit den Ergebnissen der diversen Experimente deckten. Doch es kann schwierig sein, die von der QED geforderten mathematischen Berechnungen vorzunehmen. Wie wir unten sehen werden, ergibt sich folgendes Problem: Wenn man zum oben beschriebenen theoretischen Gerüst des Teilchenaustauschs die Quantenbedingung hinzufügt, dass alle Geschichten einzubeziehen sind, die zu einer Wechselwirkung führen können – beispielsweise alle Möglichkeiten, wie die Kraftteilchen ausgetauscht werden können –, dann wird die Mathematik kompliziert. Glücklicherweise hat Feynman nicht nur die «Summe über alle Geschichten» – den im vorangegangenen Kapitel beschriebenen neuen quantenphysikalischen Ansatz – entwickelt, sondern auch eine exakte grafische Methode, mit der sich über all die verschiedenen Geschichten Buch führen lässt, eine Methode, die heute nicht nur bei der QED, sondern bei allen Quantenfeldtheorien angewendet wird.

Feynmans Methode bietet eine Möglichkeit, jeden Term, der zur Summe über alle Geschichten beiträgt, grafisch darzustellen. Diese Bilder, sogenannte Feynman-Diagramme, gehören zu den wichtigsten Werkzeugen der modernen Physik. In der QED lässt sich die Summe über alle möglichen Geschichten darstellen als eine Summe über Feynman-Diagramme wie die unten abgebildeten, die einige der Möglichkeiten wiedergeben, wie zwei Elektronen infolge der elektromagnetischen Kräfte aneinander streuen können. In diesen Diagrammen stehen die durchgezogenen Linien für die Elektronen und

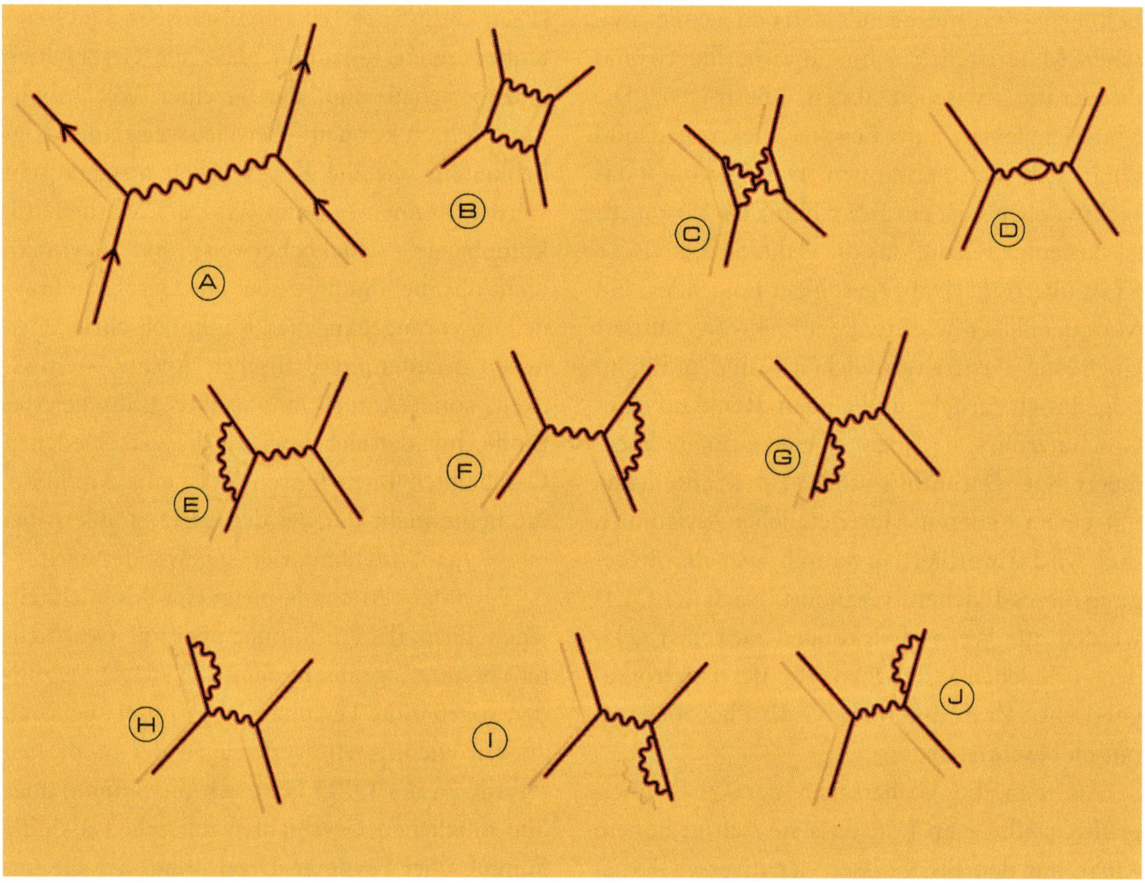

FEYNMAN-DIAGRAMME – *Diese Diagramme beschreiben einen Prozess, bei dem zwei Elektronen aneinander streuen.*

die Wellenlinien für Photonen. Die Zeit schreitet von unten nach oben voran, und Stellen, an denen die Linien sich treffen, entsprechen Photonen, die von einem Elektron emittiert oder absorbiert werden. Diagramm (A) stellt zwei Elektronen dar, die sich annähern, ein Photon austauschen und dann ihren Weg fortsetzen. Das ist für zwei Elektronen die einfachste Art, miteinander elektromagnetisch wechselzuwirken, aber wir müssen alle möglichen Geschichten berücksichtigen. Folglich müssen wir auch Diagramme wie (B) einbeziehen. Auch dieses Diagramm zeigt zwei einlaufende Linien – die näherkommenden Elektronen – und zwei auslaufende Linien, die gestreuten, doch in diesem Diagramm tauschen die Elektronen zwei Photonen aus, bevor sie davonfliegen. Die Diagramme stellen nur einige der Möglichkeiten dar, denn eigentlich gibt es eine unendliche Zahl von Diagrammen, die aufsummiert werden müssen.

Feynman-Diagramme sind nicht nur ein praktisches Verfahren, um darzustellen und zu klassifizieren, wie Wechselwirkungen stattfinden können. Zu den Diagrammen gehören Regeln, die besagen, wie sich jedem der Diagramme – abhängig von dessen Linien und Vertizes (Wechselwirkungspunkten) – ein mathematischer Ausdruck zuordnen lässt. Addiert man die betreffenden Ausdrücke für jedes der beteiligten Feynman-Diagramme, so lässt sich aus dem Ergebnis die Wahrscheinlichkeit dafür ableiten, dass, sagen wir, ein Paar einlaufender Elektronen mit vorgegebenen Anfangsimpulsen schließlich mit bestimmten Endimpulsen davonfliegen wird. Die Addition selbst kann ein ziemliches Stück Arbeit sein, weil es, wie gesagt, eine unendliche Zahl solcher Diagramme gibt. Hinzu kommt, dass den ein- und auslaufenden Elektronen zwar bestimmte Werte für Energie und Impuls zugeschrieben werden müssen, die Teilchen in den geschlossenen Schleifen im Inneren des Diagramms aber beliebige Energie und beliebigen Impuls haben können. Das ist wichtig, weil man bei der Bildung der Feynman-Summe nicht nur über alle Diagramme summieren muss, sondern auch über alle diese möglichen Werte für Energie und Impuls.

Feynman-Diagramme sind für Physiker eine außerordentliche Hilfe, wenn sie die Wahrscheinlichkeiten der von der QED beschriebenen Prozesse veranschaulichen und berechnen müssen. Doch einen entscheidenden Mangel der Theorie können sie nicht beseitigen: Wenn man die Beiträge der unendlichen Zahl verschiedener Geschichten addiert, erhält man ein unendliches Ergebnis. (Wenn die aufeinanderfolgenden Terme in einer Summe mit unendlich vielen Summanden rasch genug abnehmen, kann die Summe endlich sein, doch hier ist das leider nicht der Fall.) Addiert man die Feynman-Diagramme, dann scheint die Lösung insbesondere zu implizieren, dass Elektronen eine unendlich große Masse und Ladung haben. Das ist widersinnig, da wir Masse und Ladung messen können, und beide erweisen sich als endlich. Um diese Unendlichkeiten zu handhaben, hat man ein bestimmtes Verfahren entwickelt – die sogenannte Renormierung.

Bei der Renormierung werden Größen, die als unendlich und negativ definiert sind, dergestalt zu den vorhandenen Termen addiert, dass sich, unter sorgfältiger Beachtung der mathematischen Regeln, die Summe der in der Theorie auftretenden negativen unendlichen und positiven unendlichen Werte fast aufhebt, sodass nur ein kleiner Rest bleibt – die beobachteten endlichen Werte für Masse und Ladung. Diese Manipulationen lassen an Vorgehensweisen denken, mit denen man in der Schule bei Matheprüfungen durchfällt, und dieser Eindruck ist gar nicht so falsch, denn die Renormierung ist in der Tat so, wie wir es hier beschrieben haben, mathematisch zweifelhaft. Das Verfahren legt unter anderem nahe, dass die mittels dieser Methode erzielten Werte für Masse und Ladung des Elektrons beliebige endliche Zahlen sein können. Der Vorteil: Man kann die negativen Unendlichkeiten so wählen, dass man die richtige Antwort erhält; der Nachteil: Masse und Ladung des Elektrons können aus diesem Grund nicht von der Theorie vorhergesagt werden. Doch sobald wir Masse und Ladung des Elektrons einmal auf diese Art festgelegt haben, können wir mit Hilfe der QED viele andere Vorhersagen machen, die dann alle äußerst genau mit den Beobachtungen übereinstimmen. Daher ist die Renormierung einer der wesentlichen Bestandteile der QED. Ein früher Triumph der QED war beispielsweise die korrekte Vorhersage der sogenannten Lamb-Verschiebung, einer winzigen, 1947 erstmals nachgewiesenen Veränderung der Energie eines der Zustände des Wasserstoffatoms.

Der Erfolg der Renormierung bei der QED regte die Physiker dazu an, nach Quantenfeldtheorien zu suchen, die die anderen drei Naturkräfte beschreiben. Doch die Unterteilung der Naturkräfte in vier Klassen ist wahrscheinlich künstlich und eine Folge unseres mangelnden Verständnisses. Daher sucht man seit einiger Zeit nach einer Theorie von Allem, die die vier Kategorien zu einem einzigen Gesetz zusammenfasst, das mit der Quantentheorie in Einklang steht. Das wäre der Heilige Gral der Physik.

Ein Hinweis, dass die Vereinheitlichung der richtige Ansatz ist, kam von der Theorie der

schwachen Kraft. Die Quantenfeldtheorie, die die schwache Kraft für sich allein beschreibt, ist nicht renormierbar, das heißt, sie hat Unendlichkeiten, die sich nicht aufheben lassen, indem man eine endliche Zahl von Größen wie Masse und Ladung abzieht. Doch 1967 schlugen Abdus Salam und Steven Weinberg unabhängig

FEYNMAN-DIAGRAMME – *Richard Feynman fuhr einen berühmten Kleinbus, auf den er seine Diagramme hatte malen lassen. Der Künstler brachte die oben erörterten Diagramme deutlich zum Ausdruck. Obwohl Feynman schon 1988 starb, existiert der Bus noch – in einem Depot unweit des Caltech in Südkalifornien.*

voneinander eine Theorie vor, die den Elektromagnetismus mit der schwachen Kraft vereinigt, wobei sich zeigte, dass durch diese Vereinigung die Seuche der Unendlichkeiten beseitigt wurde. Die vereinheitlichte Kraft heißt elektroschwache Kraft. Ihre Theorie ist renormierbar, und sie sagte drei neue Teilchen voraus: W^+, W^- und Z°. Belege für die Existenz des Z° wurden 1973 am Cern in Genf entdeckt. Salam und Weinberg erhielten 1979 den Nobelpreis, obwohl die direkte Beobachtung von W- und Z-Teilchen erst 1983 gelang.

Die starke Kraft kann auch ganz allein mittels einer renormierbaren Theorie beschrieben werden, die QCD oder Quantenchromodynamik heißt. Laut QCD bestehen Proton, Neutron und viele andere fundamentale Materieteilchen aus Quarks – Teilchen mit einer bemerkenswerten Eigenschaft, die Physiker «Farbe» nennen. Daher stammt auch die Bezeichnung Chromodynamik, obwohl die Quarkfarben nur ein hilfreiches Etikett sind – es gibt überhaupt keinen Zusammenhang mit sichtbarer Farbe. Quarks kommen in drei dieser sogenannten Farben vor – Rot, Grün und Blau. Außerdem gibt es zu jedem Quark einen Antiteilchen-Partner. Die Farben dieser Teilchen heißen Antirot, Antigrün und Antiblau. Eine Kernidee dieses Modells ist, dass nur Kombinationen ohne Grundfarbe als freie Teilchen vorkommen können. Solche neutralen Quarkkombinationen können auf zweierlei Weise entstehen. Eine Farbe und ihre Antifarbe heben sich auf, daher bilden ein Quark und ein Antiquark ein farbloses Paar, ein instabiles Teilchen, das Meson heißt. Auch wenn alle drei Farben (oder Antifarben) gemischt werden, ergibt sich ein insgesamt farbloses («weißes») Gebilde. Drei Quarks, eines von jeder Farbe, bilden stabile Teilchen, sogenannte Baryonen, zu denen beispielsweise Protonen und Neutronen gehören (und drei Antiquarks bilden die Antiteilchen der Baryonen). Protonen und Neutronen sind die Baryonen, aus denen Atomkerne bestehen, und damit die Grundlage fast aller normalen Materie im Universum.

Außerdem hat die QCD eine Eigenschaft, die als asymptotische Freiheit bezeichnet wird. In Kapitel 3 kamen wir schon auf sie zu sprechen, ohne sie allerdings beim Namen zu nennen. Asymptotische Freiheit bedeutet, dass die starken Kräfte zwischen Quarks klein sind, wenn die Quarks nahe zusammen sind, jedoch anwachsen, wenn sie auseinanderrücken – so, als wären die Quarks durch Gummibänder verbunden. Asymptotische Freiheit erklärt, warum wir in der Natur keine isolierten Quarks sehen

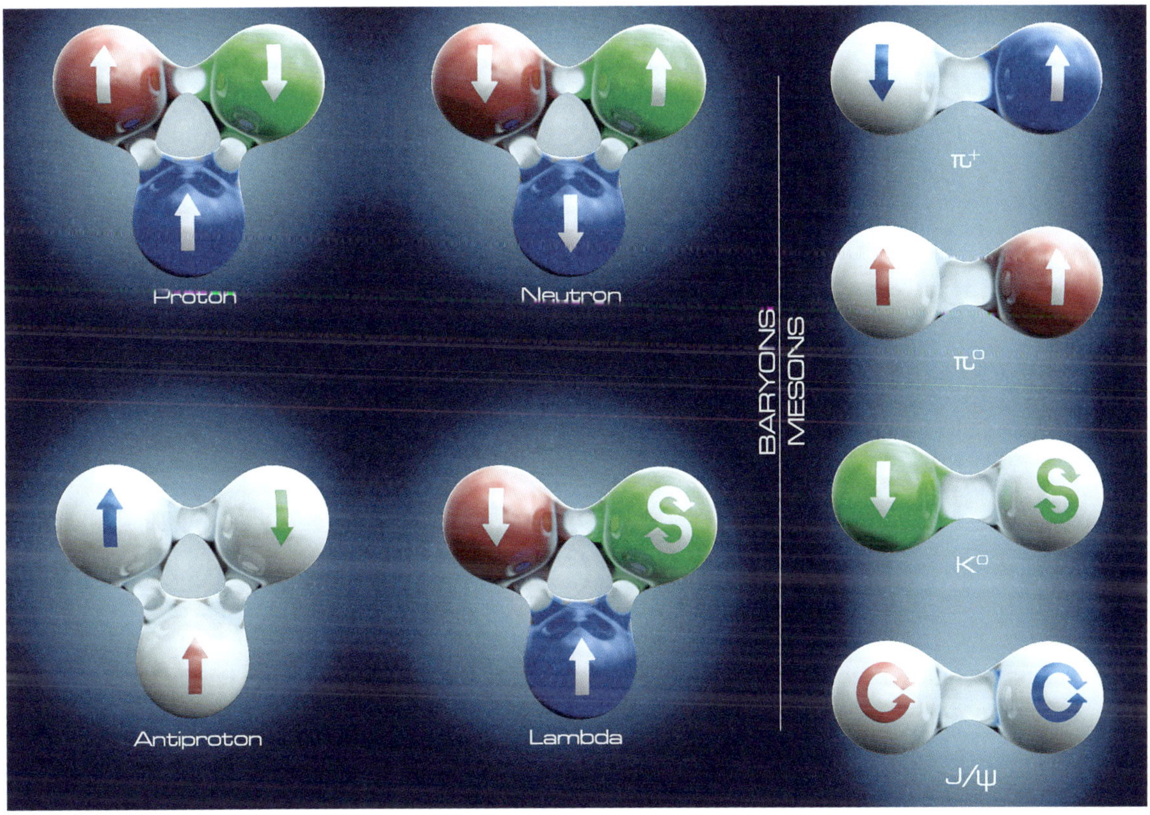

und warum wir bislang keine im Labor erzeugen können. Doch obwohl wir keine einzelnen Quarks beobachten können, akzeptieren wir das Modell, weil es sich bei der Erklärung des Verhaltens von Protonen, Neutronen und anderen Materieteilchen so gut bewährt.

BARYONEN UND MESONEN – *Baryonen und Mesonen sollen aus Quarks bestehen, die durch die starke Kraft zusammengehalten werden. Wenn solche Teilchen zusammenstoßen, können sie Quarks austauschen, doch einzelne Quarks lassen sich nicht beobachten.*

Nach Vereinigung der schwachen und der elektromagnetischen Kraft suchten die Physiker in den siebziger Jahren nach einer Möglichkeit, die starke Kraft in diese Theorie einzubeziehen. Es gibt eine ganze Anzahl sogenannter Großer Vereinheitlichter Theorien oder GUTs (nach englisch: Grand Unified Theories), die die starke Kraft mit der schwachen Kraft und dem Elektromagnetismus vereinigen, doch sie sagen in der Mehrzahl voraus, dass die Protonen, der Stoff, aus dem wir sind, im Schnitt nach rund 10^{32} Jahren zerfallen müssten. Das ist eine sehr lange Lebensdauer, wenn man bedenkt, dass das Universum nur etwa 10^{10} Jahre alt ist. Doch wenn wir in der Quantenphysik sagen, die durchschnittliche Lebensdauer eines Teilchens sei 10^{32} Jahre, dann meinen wir damit nicht, dass alle Teilchen ungefähr 10^{32} Jahre leben, die einen ein bisschen mehr, die anderen ein bisschen weniger, sondern dass für jedes Teilchen jedes Jahr eine Zerfallswahrscheinlichkeit von 1 zu 10^{32} besteht. Wenn wir also einen Behälter mit 10^{32} Protonen nur einige Jahre lang beobachten, müssten wir einige der Protonen zerfallen sehen. Einen solchen Behälter zu bauen, ist nicht allzu schwierig, weil 10^{32} Protonen in rund tausend Tonnen Wasser enthalten sind. Solche Experimente sind durchgeführt worden. Wie sich zeigte, ist es nicht leicht, den Zerfall nachzuweisen und ihn von anderen Ereignissen zu unterscheiden, die von pausenlos auf uns herabregnenden kosmischen Strahlen bewirkt werden. Um das Rauschen zu minimieren, werden die Experimente tief unter der Erde durchgeführt, an Orten wie der Mozumi-Mine der Kamioka Mining and Smelting Company in Japan, tausend Meter unter einem Gebirge, wo sie einigermaßen gegen kosmische Strahlen abgeschirmt sind. Aufgrund ihrer Beobachtungen im Jahr 2009 sind die Forscher zu dem Schluss gelangt, dass Protonen, wenn sie denn überhaupt zerfallen, eine Lebensdauer von mehr als 10^{34} Jahren haben, was für die Großen Vereinheitlichten Theorien nichts Gutes bedeutet.

Da die GUTs von Beobachtungsdaten nicht gestützt werden, halten sich die meisten Physiker an eine Ad-hoc-Theorie, das sogenannte Standardmodell, das aus der vereinheitlichten Theorie der elektroschwachen Kräfte und der QCD als einer Theorie der starken Kräfte besteht. Doch im Standardmodell wirken die elektroschwachen Kräfte und -starken Kräfte getrennt und sind nicht vereinheitlicht. Das Standardmodell ist sehr erfolgreich und deckt sich mit allen bislang vorliegenden Beobachtungsdaten, ist aber letztlich unbefriedigend, weil es – abgesehen davon, dass es die elektroschwachen und -starken Kräfte nicht vereinheitlicht – die Gravitation nicht mit einbezieht.

Hatte es sich schon als schwierig genug erwiesen, die starke Kraft mit der elektromagnetischen und der schwachen Kraft zu verbinden, so waren diese Probleme doch nichts im Vergleich zu der Aufgabe, die Gravitation mit den anderen drei Kräften zu vereinigen oder auch nur eine separate Quantentheorie der Gravitation zu entwickeln. Der Grund, warum sich die Entwicklung einer Quantentheorie der Gravitation als so schwierig erweist, hängt mit der Heisenberg'schen Unschärferelation zusammen, die wir in Kapitel 3 erörtert haben. Denn wie sich bei näherem Hinsehen herausstellt, spielen bezüglich der Unschärferelation der Wert eines Felds und seine Änderungsrate die gleichen Rollen wie der Aufenthaltsort und die Geschwindigkeit eines Teilchens. Das heißt, je genauer man das eine bestimmt, desto weniger genau lässt sich das andere bestimmen. Daraus ergibt sich die wichtige Konsequenz, dass es so etwas wie den leeren Raum nicht gibt. Leerer Raum würde nämlich bedeuten, dass der Wert eines Feldes exakt null und die Änderungsrate des Feldes ebenfalls exakt null wäre (sonst bliebe

«Einen Kasten drum herumzuzeichnen, macht es leider noch nicht zu einer vereinheitlichten Theorie.»

der Raum nicht leer). Da die Unschärferelation einen exakten Wert für das Feld und einen exakten Wert für die Veränderungsrate nicht gleichzeitig zulässt, ist der Raum nie leer. Er kann einen Zustand minimaler Energie aufweisen, das sogenannte Vakuum, doch dieser Zustand ist dem unterworfen, was wir Quanten- oder

Vakuumfluktuationen nennen – Teilchen und Felder, die sich ins Dasein hinein und wieder aus ihm hinauszittern.

Wir können uns die Vakuumfluktuationen als Teilchenpaare vorstellen, die irgendwann gemeinsam erscheinen, sich auseinanderbewegen, dann wieder zusammenkommen und sich gegenseitig vernichten. In Feynman-Diagrammen entsprechen sie geschlossenen Schleifen. Diese Teilchen werden als virtuelle Teilchen bezeichnet. Anders als reale Teilchen können virtuelle Teilchen in einem Teilchendetektor nicht direkt beobachtet werden. Doch ihre indirekten Effekte, etwa kleine Veränderungen der Energien von Elektronenbahnen, können gemessen werden und entsprechen den theoretischen Vorhersagen mit einem bemerkenswerten Grad an Genauigkeit. Das Problem liegt darin, dass die virtuellen Teilchen Energie besitzen, und da es eine unendliche Zahl von virtuellen Teilchen gibt, müssten sie eine unendliche Energiemenge besitzen. Nach der allgemeinen Relativitätstheorie folgt daraus, dass sie das Universum zu einem unendlich kleinen Volumen krümmen müssten – was offensichtlich nicht der Fall ist!

Diese Seuche der Unendlichkeiten ähnelt dem Problem, das in den Theorien der starken, schwachen und elektromagnetischen Kraft auftritt, nur dass in diesen Fällen die Renormierung die Unendlichkeiten beseitigt. Doch die geschlossenen Schleifen in den Feynman-Diagrammen für die Gravitation bringen Unendlichkeiten hervor, die sich nicht durch Renormierung absorbieren lassen, weil es in der allgemeinen Relativitätstheorie nicht genügend renormierbare Parameter gibt, um alle Quantenunendlichkeiten aus der Theorie zu entfernen. So bleibt uns eine Gravitationstheorie, die vorhersagt, dass bestimmte Größen, wie die Krümmung der Raumzeit, unendlich sind. Und das ist nun wirklich keine Art, ein bewohnbares Universum zu betreiben. Die einzige Möglichkeit, eine vernünftige Theorie zu erhalten, bestünde darin, alle Unendlichkeiten irgendwie zu beseitigen, ohne von der Renormierung Gebrauch zu machen.

1976 wurde eine mögliche Lösung für das Problem gefunden: die Supergravitation. Das Adjektiv «super» wurde nicht davorgesetzt, weil die Physiker glaubten, es sei «super», dass diese Quantengravitationstheorie tatsächlich klappen könnte. Vielmehr bezieht sich das Wort «super» auf eine bestimmte Art der Symmetrie, die dieser Theorie eignet, die sogenannte Supersymmetrie.

In der Physik sagt man, ein System weise eine bestimmte Symmetrie auf, wenn seine wesentlichen Eigenschaften bei bestimmten Transformationen wie Rotation im Raum oder Spiegelung unverändert bleiben. Wenn Sie beispielsweise einen Donut umdrehen, sieht er genau gleich aus (es sei denn, er hat auf der Oberseite einen Schokoladenguss, dann sollten Sie ihn lieber gleich essen). Die Supersymmetrie ist eine raffinierte Form der Symmetrie, die nichts mit den möglichen Transformationen des gewöhnlichen Raums zu tun hat. Supersymmetrie schließt unter anderem den wichtigen Umstand ein, dass Kraftteilchen und Materieteilchen, also Kraft und Materie, nur zwei Seiten derselben Medaille sind. Praktisch folgt daraus, dass jedes Materieteilchen, wie etwa ein Quark, ein Kraftteilchen als Partnerteilchen und jedes Kraftteilchen, etwa ein Photon, ein Materieteilchen als Partnerteilchen haben sollte. Darin könnte eine Möglichkeit zur Lösung des Problems der Unendlichkeiten liegen, weil sich herausstellt, dass die aus geschlossenen Schleifen der Kraftteilchen resultierenden Unendlichkeiten positiv und die aus geschlossenen Schleifen der Materieteilchen resultierenden Unendlichkeiten negativ sind, sodass die Unendlichkeiten, die aus den Kraftteilchen und ihren Partnern, den Materieteilchen, erwachsen, einander tendenziell aufheben. Leider sind die Berechnungen, die erforderlich sind, um herauszufinden, ob dabei vielleicht doch noch irgendwelche Unendlichkeiten nicht aufgehoben werden, so lang, schwierig und fehleranfällig, dass sich bisher noch niemand bereitgefunden hat, sie durchzuführen. Die meisten Physiker glauben trotzdem, dass die Supergravitation wahrscheinlich die richtige Antwort auf das Problem der Vereinigung der Gravitation mit den anderen Kräften ist.

Man sollte meinen, die Stichhaltigkeit der Supersymmetrie wäre leicht zu überprüfen – ein einfacher Vergleich der Eigenschaften der vorhandenen Teilchen, um zu sehen, ob sie sich paarweise anordnen lassen. Die bisher beobachteten Teilchen fügen sich zwar nicht in ein solches Schema von Paaren ein. Doch verschiedene Berechnungen der Physiker lassen darauf schließen, dass die Partnerteilchen, die den von uns beobachteten Teilchen entsprechen, tausendmal so massereich wie ein Proton sein müssen, wenn nicht noch schwerer. Damit sind sie zu schwer, als dass sie bislang in irgendeinem Experiment hätten beobachtet werden können, doch es besteht die Hoffnung, dass solche Teilchen bald im Large Hadron Collider, einem großen Teilchenbeschleuniger in Genf, erzeugt werden.

Das Konzept der Supersymmetrie war der Schlüssel zur Entwicklung der Supergravitation, doch eigentlich war es schon Jahre vorher entstanden, als die Physiker eine neue Theorie untersuchten, die damals noch ganz am Anfang stand: die Stringtheorie. Nach der Stringtheorie sind Teilchen keine Punkte, sondern Schwingungsmuster mit einer Länge, aber ohne Höhe und Breite – wie Abschnitte einer unendlich dünnen Saite (*String*). Stringtheorien führen auch zu Unendlichkeiten, aber man nimmt an, dass sie sich in der richtigen Version alle gegenseitig aufheben. Diese Theorien haben noch eine weitere ungewöhnliche Eigenschaft: Sie sind nur konsistent, wenn die Raumzeit zehn Dimensionen anstelle der üblichen vier hat. Zehn Dimensionen mag sich für Wissenschaftler aufregend anhören, aber sie würden Ihnen echte Probleme machen, wenn Sie vergessen hätten, wo Sie Ihren Wagen geparkt haben.

Warum bemerken wir diese Zusatzdimensionen nicht, wenn es sie gibt? Laut Stringtheorie sind sie zu einem Raum von sehr geringer Größe aufgerollt. Stellen Sie sich dazu eine zweidimensionale Ebene vor. Wir nennen sie zweidimensional, weil man zwei Zahlen braucht – beispielsweise eine waagerechte und eine senkrechte Koordinate –, um einen Punkt auf ihr zu lokalisieren. Auch die Oberfläche eines Strohhalms ist ein zweidimensionaler Raum: Um einen Punkt auf diesem Raum zu lokalisieren, müssen wir wissen, bei welcher Länge des Strohhalms der Punkt liegt und wo auf der kreisförmigen Dimension. Wenn der Strohhalm sehr dünn ist, würde es für eine sehr gute näherungsweise Ortsbestimmung bereits ausreichen, nur die eine Koordinate entlang der Länge des Strohhalms zu verwenden, und man könnte die kreisförmige Dimension vernachlässigen. Und hätte der Strohhalm einen Durchmesser von einem millionstel millionstel millionstel millionstel millionstel Zentimeter, würden Sie die kreisförmige Dimension überhaupt nicht bemerken. Das ist die Vorstellung, die Stringtheoretiker von den Extradimensionen haben – sie sind so eng zusammengerollt, dass sie eine für uns nicht mehr sichtbare Ausdehnung haben. In der Stringtheorie sind die Extradimensionen zu einem kompaktifizierten Unterraum aufgewickelt, im Gegensatz zu dem dreidimensionalen Raum, den wir im Alltag erleben. Wie wir noch sehen werden, sind diese zusammengerollten Räume nicht nur ein Weg, verborgene Dimensionen unter den Teppich zu kehren, sondern sie haben auch große physikalische Bedeutung.

STROHHALME UND LINIEN – *Ein Strohhalm ist zweidimensional, doch wenn sein Durchmesser klein genug ist – oder aus hinreichend großer Entfernung gesehen wird –, erscheint er eindimensional wie eine Linie.*

Abgesehen vom Problem der Extradimensionen litt die Stringtheorie noch unter einer weiteren lästigen Schwäche: Es schien mindestens fünf verschiedene Theorien zu geben und Millionen Möglichkeiten, die Extradimensionen aufzuwickeln – eine Fülle von Möglichkeiten, die ziemlich peinlich für die Befürworter der Stringtheorie als der *einzigen* Theorie von Allem war. Dann, um das Jahr 1994, begann man die Dualitäten zu entdecken – den Umstand, dass verschiedene Stringtheorien und verschiedene Arten, die Extradimensionen aufzuwickeln, einfach verschiedene Arten sind, ein und dasselbe Phänomen in vier Dimensionen zu beschreiben. Außerdem stellten die Forscher fest, dass auch die Supergravitation auf die gleiche Weise mit den anderen Theorien verwandt ist. Stringtheoretiker sind heute davon überzeugt, dass die fünf verschiedenen Stringtheorien und die Supergravitation einfach verschiedene Näherungen einer fundamentaleren Theorie sind – Näherungen, von denen jede sich für die Beschreibung bestimmter Arten von Situationen eignet.

Wie oben erwähnt, heißt diese fundamentalere Theorie M-Theorie. Niemand scheint zu wissen, wofür das «M» steht, aber es könnte Meister, Mirakel oder Mysterium heißen. Es scheint, als träfen alle drei zu. Die Forscher versuchen noch immer das Wesen der M-Theorie zu ergründen, doch das könnte sich letztlich als unmöglich erweisen. Vielleicht ist ja die traditionelle Erwartung der Physiker, dass es eine einzige Theorie der Natur gebe, unerfüllbar. Möglicherweise gibt es diese eine einzige Formulierung nicht, und wir müssen zur Beschreibung des Universums verschiedene Theorien auf unterschiedliche Situationen anwenden. Jede Theorie hat vielleicht ihre eigene Version der Wirklichkeit, doch nach dem modellabhängigen Realismus ist das akzeptabel, solange die Theorien in ihren Voraussagen immer dann übereinstimmen, wenn sie sich überschneiden, das heißt, wenn sie beide angewendet werden können.

Egal, ob die M-Theorie als eine einzige Formulierung oder nur als Netzwerk existiert, wir kennen einige ihrer Eigenschaften. Zunächst einmal hat die M-Theorie elf Raumzeitdimensionen, nicht zehn. Einige Stringtheoretiker hatten schon länger vermutet, dass die Vorhersage von zehn Dimensionen korrigiert werden müsse, und die neuere Forschung zeigte, dass tatsächlich eine Dimension übersehen wurde. Außerdem enthält die M-Theorie nicht nur schwingende Strings, sondern auch Punktteilchen, zweidimensionale Membranen, dreidimensionale Gebilde und andere Objekte, die schwieriger darzustellen sind und noch mehr Raumdimensionen aufweisen (bis zu 9). Der Sammelbegriff für diese Objekte ist «p-Branen» (wobei p Werte von 0 bis 9 annehmen kann).

Was ist mit der enormen Zahl von Möglichkeiten, die winzigen Dimensionen aufzuwickeln? In der M-Theorie können diese zusätzlichen Raumdimensionen nicht einfach irgendwie aufgewickelt werden. Die Mathematik der Theorie schränkt die Eigenschaften der aufgewickelten Dimensionen drastisch ein. Die genaue Art und Weise des Aufwickelns bestimmt die Werte der physikalischen Konstanten, die Ladung des Elektrons und die Art der Wechselwirkungen zwischen den Elementarteilchen. Mit anderen Worten, sie bestimmt die Naturgesetze, die sich in unserem Universum manifestieren. Dabei handelt es sich um die in unserem Universum tatsächlich beobachteten Gesetze – die Gesetze für die vier Kräfte und die für unseren Kosmos gültigen Werte für Parameter wie etwa die Teilchenmassen und -ladungen. Doch die fundamentaleren Gesetze sind die der M-Theorie.

Daher lassen die Gesetze der M-Theorie *verschiedene Universen* zu, je nachdem, wie die Extradimensionen aufgewickelt sind. Die M-Theorie besitzt Lösungen, die viele verschiedene Arten und Weisen gestatten, die Extradimensionen aufzuwickeln, vielleicht bis zu 10^{500}, also auch 10^{500} verschiedene Universen, und jedes von ihnen mit eigenen Gesetzen. Um eine Idee davon zu bekommen, wie viele das sind, stellen Sie sich Folgendes vor: Wenn irgendein Wesen die für jedes dieser Universen vorhergesagten Gesetze in nur einer Millisekunde analysieren könnte und mit dieser Arbeit zum Zeitpunkt des Urknalls begonnen hätte, hätte es bis heute gerade mal 10^{20} dieser Universen geschafft. Und das ohne Kaffeepausen.

Jahrhunderte zuvor zeigte Newton, dass mathematische Gleichungen erstaunlich genau beschreiben können, wie Objekte auf der Erde und am Himmel wechselwirken.

Das verführte die Wissenschaftler zu dem Glauben, dass sich das ganze Universum darstellen lasse, wenn sie nur die richtige Theorie und genügend Rechenleistung hätten. Dann folgten Quantenunbestimmtheit, gekrümmter Raum, Quarks, Strings und Extradimensionen – und das Nettoergebnis ihrer Mühe sind 10^{500} Universen, jedes mit anderen Gesetzen und nur eines, das dem unseren entspricht. Die ursprüngliche Hoffnung der Physiker, eine einzige Theorie zu entwickeln, die die scheinbaren Gesetze unseres Universums als die einzige mögliche Konsequenz einiger einfacher Annahmen erklärt, muss vielleicht aufgegeben werden. Was bedeutet das für uns? Wenn die M-Theorie 10^{500} Sätze scheinbarer Gesetze zulässt, wie sind wir dann zu diesem Universum und den uns sich darbietenden Gesetzen gekommen? Und was ist mit den anderen möglichen Welten?

KAPITEL 6

UNSER UNIVERSUM WÄHLEN

Nach der Kosmogonie des Boschongo-Volks in Zentralafrika waren am Anfang nur Dunkelheit, Wasser und der große Gott Bumba. Eines Tages hatte Bumba arge Magenschmerzen und spie die Sonne aus. Im Laufe der Zeit verdunstete die Sonne das Wasser ein wenig, und es kam Land zum Vorschein. Doch Bumba hatte noch immer Schmerzen, wieder würgte er. Und zum Vorschein kamen Mond, Sterne und einige Tiere: der Leopard, das Krokodil, die Schildkröte und schließlich der Mensch. Die Maya in Mittelamerika berichten von einer ähnlichen Zeit vor der Schöpfung, als es nur das Meer, den Himmel und den Macher (Schöpfer) gab. Nach den Mythen der Maya beschloss der Macher, bekümmert, weil es niemand gab, der ihn preisen konnte, Erde, Berge, Bäume und die meisten Tiere zu erschaffen. Doch die Tiere konnten nicht sprechen, und daher beschloss er, die Menschen zu erschaffen. Zuerst machte er sie aus Schlamm und Erde, doch sie redeten nur Unsinn. Er löste sie wieder auf und versuchte es erneut, dieses Mal fertigte er sie aus Holz. Diese Menschen waren dumm. Also beschloss er, sie zu vernichten, aber sie entkamen in den Wald. Allerdings nahmen sie auf dem Weg dorthin Schaden, was sie ein wenig veränderte, und so entstanden die Lebewesen, die wir heute Affen nennen. Nach diesem Fiasko fand der Macher endlich eine Methode, die funktionierte, und so bildete er die ersten Menschen aus weißem und gelbem Mais. Heute stellen wir aus Mais zwar Ethylalkohol her, doch bislang ist es uns noch nicht gelungen, das Kunststück des Machers nachzuahmen und auch die Menschen zu erschaffen, die ihn trinken.

Schöpfungsmythen wie diese versuchen alle, die Fragen zu beantworten, mit denen wir uns in diesem Buch auseinandersetzen. Warum gibt es ein Universum, und warum ist das Universum so und nicht anders? Unsere Fähigkeit, solche Fragen zu klären, hat in den Jahrhunderten seit den alten Griechen stetig zugenommen, am stärksten in den letzten hundert Jahren. Mit dem, was wir in den vorangegangenen Kapiteln erörtert haben, können wir jetzt mögliche Antworten auf diese Fragen vorschlagen.

Offenbar war schon in frühester Zeit bekannt, dass entweder das Universum eine sehr junge Schöpfung war oder die Existenz der Menschheit nur einen kleinen Bruchteil der kosmischen Geschichte ausmachte. Der Grund: Die Menschen verbessern ihr Wissen und ihre Technik so rasch, dass sie es schon viel weiter gebracht haben müssten, wenn es sie schon seit Jahrmillionen gäbe.

Laut Altem Testament erschuf Gott Adam und Eva in nur sechs Tagen. Bischof Ussher, Primas von ganz Irland in den Jahren 1625 bis 1656, setzte den Ursprung der Welt sogar noch genauer fest: auf den 27. Oktober 4404 v. Chr., neun Uhr morgens. Wir sehen das anders: Die Menschen sind zwar eine vergleichsweise junge Schöpfung, doch das Universum selbst begann viel früher, vor rund 13,7 Milliarden Jahren.

Der erste wirklich wissenschaftliche Hinweis darauf, dass das Universum einen Anfang hat, stammt aus den zwanziger Jahren. Wie in Kapitel 3 erwähnt, glaubten damals die meisten Wissenschaftler an ein statisches Universum, das es schon von jeher gab. Der Gegenbeweis war indirekt, er stützte sich auf Beobachtungen, die Edwin Hubble mit dem 2,54-m-Teleskop des Mount-Wilson-Observatoriums in den Hügeln über Pasadena in Kalifornien machte. Als Hubble das Spektrum des von Galaxien abgestrahlten Lichts analysierte, gelangte er zu dem Ergebnis, dass sich fast alle Galaxien von uns entfernen und dass sie sich umso schneller bewegen, je weiter sie entfernt sind. 1929 veröffentlichte er ein Gesetz, das die Fluchtgeschwindigkeit der Galaxien und ihre Entfernung von uns zueinander in Beziehung setzt, und schloss daraus, dass das Universum expandiere. Falls das stimmt, muss das Universum in der Vergangenheit kleiner gewesen sein als heute. Wenn wir seine Entwicklung bis in die ferne Vergangenheit zurückverfolgen, wäre das ganze heute beobachtbare Universum ab einem bestimmten Zeitpunkt in einer winzigen Region von unvorstellbarer Dichte und Temperatur zusammengepresst, und noch weiter zurück müsste es einen Zeitpunkt geben, an dem alles begann – mit dem Ereignis, das wir heute Urknall nennen.

Die Expansion des Universums dürfen wir uns nicht allzu simpel vorstellen. Beispielsweise ist damit nicht gemeint, dass das Universum expandiert, wie man sein Haus erweitert, indem man einfach eine Wand herausbricht und ein neues Badezimmer baut, wo vorher eine majestätische Eiche stand. Vielmehr dehnt sich *der Raum selbst* aus, das heißt, der Abstand zwischen je zwei beliebigen Punkten innerhalb des Universums nimmt zu. Diese Idee entstand in den dreißiger Jahren inmitten heftiger Debatten, und nach wie vor wird sie am besten durch eine Metapher veranschaulicht, die der Astronom Arthur Eddington von der Cambridge University 1931 verwendet hat. Danach können wir uns das Universum als die Oberfläche eines Luftballons vorstellen, der aufgeblasen wird, und alle Galaxien als Punkte auf seiner

sich ausdehnenden Oberfläche. Dieses Bild verdeutlicht, warum ferne Galaxien rascher davonstreben als nahe. Verdoppelt sich beispielsweise der Radius des Ballons stündlich, so verdoppelt sich mit jeder Stunde auch der Abstand zwi-

BALLON-UNIVERSUM – *Ferne Galaxien weichen von uns zurück, als befände sich der gesamte Kosmos auf der Oberfläche eines Riesenballons.*

schen zwei «Galaxien» auf dem Ballon. Wenn zwei Galaxien zu irgendeinem Zeitpunkt 1 Zentimeter voneinander entfernt lägen, betrüge ihr Abstand eine Stunde später 2 Zentimeter, und es hätte den Anschein, als würden sie sich mit einer Geschwindigkeit von 1 Zentimeter pro Stunde auseinanderbewegt haben. Doch auch nach dieser ersten Stunde geht die Expansion weiter, und diesmal beginnen die Galaxien bereits mit einem Abstand von 2 Zentimetern, liegen also nach einer weiteren Stunde nun schon 4 Zentimeter auseinander, was dann den Eindruck hervorriefe, dass sie sich nunmehr mit einer Geschwindigkeit von 2 Zentimetern pro Stunde voneinander entfernen. Genau das hat Hubble entdeckt: Je weiter eine Galaxie von uns entfernt ist, desto rascher bewegt sie sich von uns fort.

Wir müssen uns bei alledem vor Augen halten, dass sich die Expansion des Raums nicht auf die Größe materieller Objekte wie Galaxien, Sterne, Äpfel, Atome oder anderer durch die gleiche Kraft zusammengehaltener Objekte auswirkt. Würden wir beispielsweise einen Galaxienhaufen auf dem Ballon einkreisen, so würde sich dieser Kreis in Wirklichkeit nicht wie der Ballon ausdehnen. Da die Galaxien durch Gravitationskräfte gebunden werden, würden der Kreis und die Galaxien bei der Ausdehnung des Ballons ihre Größe und Anordnung behalten. Das ist wichtig, weil wir Expansion nur entdecken können, wenn unsere Messinstrumente eine unveränderliche Größe haben. Würde alles an der Expansion beteiligt sein, so würden unsere Zollstöcke, Laboratorien und so fort alle proportional größer werden, und uns fiele gar nichts auf.

Dass das Universum expandiert, war neu für Einstein. Dass sich die Galaxien voneinander fortbewegen, hatte sich einige Jahre vor Hubbles Arbeiten als theoretische Möglichkeit aus Einsteins eigenen Gleichungen ergeben. 1922 untersuchte der russische Physiker und Mathematiker Alexander Friedmann, was in einem Modelluniversum geschehen würde, dessen Mathematik er durch zwei Annahmen erheblich vereinfacht hatte: dass das Universum erstens in jeder Richtung und zweitens von jedem Beobachtungspunkt aus gleich aussieht. Wir wissen, dass Friedmanns erste Annahme nicht ganz stimmt – das Universum ist glücklicherweise nicht in jeder Richtung gleichförmig! Wenn wir in die eine Richtung sehen, erblicken wir die Sonne, in einer anderen den Mond oder eine Kolonie ziehender Vampirfledermäuse. Doch auf weit größeren Entfernungsskalen betrachtet – größer noch als der Abstand zwischen Galaxien –, erscheint das Universum in jeder Richtung nahezu gleich. Das ähnelt dem Blick auf einen Wald aus der Vogelperspektive. Sind Sie nahe genug dran, können Sie einzelne Blätter oder zumindest Bäume und die Abstände zwischen ihnen erkennen. Doch wenn Sie von so weit oben herabschauen, dass Ihr Daumen bei ausgestrecktem Arm zwei bis drei Quadratkilometer Bäume bedeckt, nehmen Sie den Wald als einfarbige grüne Fläche wahr. Wir würden sagen: Bei diesen Größenverhältnissen ist der Wald gleichförmig.

Auf der Grundlage dieser Annahmen fand Friedmann eine Lösung für die Einstein-Gleichungen, nach der das Universum in ebender Weise expandiert, die Hubbles Beobachtungen schon bald bestätigen sollten. Friedmanns Modelluniversum beginnt mit der Größe null und expandiert, bis die Gravitationsanziehung seine Ausdehnung verlangsamt und schließlich dafür sorgt, dass es in sich zusammenstürzt. (Wie sich herausstellte, gibt es noch zwei weitere Lösungen für die Einstein-Gleichungen, die die Annahmen von Friedmanns Modell ebenfalls erfüllen – die eine entspricht einem Universum, in dem die Expansion sich ewig fortsetzt, wenn sie auch ein wenig langsamer wird, und die andere einem Universum, in dem die Expansionsrate mit der Zeit gegen null strebt, ohne diesen Wert allerdings je exakt zu erreichen.) Friedmann starb wenige Jahre nach Vollendung seiner Arbeit, daher blieben seine Überlegungen auch nach Hubbles Entdeckung lange Zeit unbekannt. Doch 1927 schlug der Physikprofessor und römisch-katholische Priester Georges Lemaître (1894–1966) eine ähnliche Idee vor: Wenn man die Geschichte des Universums in die Vergangenheit zurückverfolgt, wird es immer kleiner, bis man an einen Schöpfungspunkt gelangt – den wir heute Urknall nennen.

Nicht jedem sagte die Urknallhypothese zu. Der englische Begriff *Big Bang* – eigentlich «Großer Knall» – wurde 1949 von dem Astrophysiker Fred Hoyle geprägt, der ebenfalls in Cambridge lehrte. Hoyle glaubte an ein ewig expandierendes Universum und hatte den Begriff eigentlich spöttisch-abwertend gemeint. Erst 1965 gab es die erste direkte, diese These stützende Beobachtung – die Entdeckung, dass es überall im All einen schwachen Mikrowellenhintergrund gibt. Diese kosmische Mikrowellen-Hintergrundstrahlung (CMB nach englisch: *cosmic microwave background radiation*) ist die gleiche wie in Ihrem Mikrowellengerät, nur weit weniger energiereich. Sie können die

CMB selbst beobachten, indem Sie Ihr Fernsehgerät auf einen nicht belegten Kanal einstellen – einige wenige Prozent des Schnees auf dem Schirm werden von dieser Strahlung hervorgerufen. Die Strahlung wurde durch Zufall von zwei Wissenschaftlern der Bell Labs entdeckt, als sie ein Rauschen beseitigen wollten, das ihnen die Empfänger an ihrer Mikrowellenantenne nachwiesen. Zunächst glaubten sie, die Ursache sei der Kot von Tauben, die sich in ihrer Antennenanlage niedergelassen hatten, doch es stellte sich heraus, dass das Problem interessantere Ursachen hatte – die CMB ist eine Strahlung, die von dem sehr heißen und dichten frühen Universum übrig geblieben ist, das es kurz nach dem Urknall gegeben haben muss. Als das Universum expandierte, kühlte es ab, bis die Strahlung zu dem schwachen Relikt wurde, das wir heute beobachten. Gegenwärtig handelt es sich um Mikrowellen, die Ihr Essen allerdings nur auf etwa –270 Grad Celsius erwärmen würden, auf drei Grad über dem absoluten Nullpunkt – kaum geeignet für die Herstellung von Popcorn.

Astronomen haben noch weitere Indizien gefunden, die das Bild der Urknallmodelle von einem heißen und winzigen frühen Universum stützen. Beispielsweise muss das Universum um die erste Minute herum heißer gewesen sein als das Zentrum eines durchschnittlichen Sterns. In dieser Phase wirkte das ganze Universum wie ein Kernfusionsreaktor. Die Reaktionen hörten auf, als das Universum expandierte und genügend abkühlte, doch die Theorie sagt vorher, dass danach im Universum neben dem überwiegenden Wasserstoff rund 24 Prozent Helium und Spuren von Lithium vorhanden waren (alle schwereren Elemente entstanden erst später, im Inneren von Sternen). Diese Rechnung stimmt gut mit den tatsächlich beobachteten Mengen von Helium und Lithium überein. Messungen der Heliumhäufigkeit und der CMB erbrachten überzeugende Belege für das Urknall-Bild des sehr frühen Universums, doch obwohl der Urknall eine zutreffende Beschreibung dieser Frühzeit liefert, wäre es falsch, ihn wortwörtlich zu nehmen, also zu meinen, Einsteins Theorie liefere uns eine zutreffende Vorstellung vom *Ursprung* des Universums. Die allgemeine Relativitätstheorie sagt nämlich vorher, es gebe einen Punkt in der Zeit, an dem Temperatur, Dichte und Krümmung des Universums unendlich seien – eine Situation, die Mathematiker als Singularität bezeichnen. Für einen Physiker folgt daraus, dass die Theorie an diesem Punkt ihre Gültigkeit verliert und daher nicht dazu dienen kann, den Beginn des Universums vorherzusagen, sondern allenfalls Rückschlüsse auf die nachfolgende Entwicklung zulässt. Obwohl wir also mit Hilfe der Gleichungen der allgemeinen Relativitätstheorie und unserer Himmelsbeobachtungen etwas über das sehr junge Universum in Erfahrung bringen können, ist es nicht zulässig, am Urknall Bild bis zum Anfang festzuhalten.

Auf die Frage des Ursprungs kommen wir in Kürze zu sprechen, doch zunächst einige Worte zur ersten Expansionsphase. Physiker bezeichnen sie als Inflation. Wenn sie nicht gerade in Simbabwe leben, wo die monetäre Inflationsrate kürzlich die 200 000 000-Marke überschritten hat, klingt der Begriff «Inflation» nicht gerade sehr explosiv. Doch selbst nach vorsichtigen Schätzungen expandierte das Universum während dieser kosmologischen Inflation in weniger als 0,000 000 000 000 000 000 000 000 000 000 001 Sekunden um einen Faktor von 1 000 000 000 000 000 000 000 000 000 000. Es war, als würde eine Münze mit einem Durchmesser von einem Zentimeter plötzlich zu einer Größe vom Zehnmillionenfachen der Milchstraßenbreite aufgebläht. Das scheint gegen die Relativitätstheorie zu verstoßen, nach der sich nichts schneller als das Licht bewegen kann, doch diese Geschwindigkeitsbegrenzung gilt nicht für die Expansion des Raums selbst.

Die Hypothese einer solchen Inflationsphase wurde erstmals 1980 vorgeschlagen, wobei die zugrundeliegenden Überlegungen über Einsteins Relativitätstheorie hinausgingen und Aspekte der Quantentheorie berücksichtigten. Da wir keine vollständige Quantentheorie der Gravitation haben, warten die Einzelheiten noch auf ihre Ausarbeitung. Die Forschung ist sich nicht ganz schlüssig, wie die Inflation genau stattgefunden hat. Nach der Theorie wäre die durch die Inflation verursachte Expansion nicht so vollkommen gleichförmig verlaufen, wie es die traditionelle Urknalltheorie eigentlich vorhersagt. Diese Unregelmäßigkeiten hätten winzige Temperaturschwankungen der CMB hervorgerufen, und wenn wir diese Strahlung heute am Himmel beobachten, sollte uns daher aus einigen Richtungen etwas heißere, aus anderen etwas kühlere Strahlung erreichen. Die Schwankungen sind so klein, dass sie in den sechziger Jahren noch nicht nachgewiesen werden konnten. Aber 1992 wurden sie vom COBE-Satelliten der NASA beobachtet und später von seinem Nachfolger, dem 2001 in Umlaufbahn gebrachten WMAP-Satelliten, genauer vermessen. Daher können wir jetzt einigermaßen gewiss sein, dass die Inflation tatsächlich stattgefunden hat. Obwohl winzige Schwankungen in der CMB ein Beweis für die Inflation sind, ist die Inflation paradoxerweise unter anderem deshalb ein so wichtiges Konzept, weil die Temperatur der CMB fast vollkommen gleichförmig ist. Wenn sie einen Teil eines Objekts erhitzen, sodass er wärmer wird als seine Umgebung, und dann warten, wird der heiße Fleck anschließend so lange immer kühler und seine Umgebung immer wärmer werden, bis die Temperatur des Objekts wieder einheitlich ist. Entsprechend könnte man erwarten, dass das Universum nach und nach eine gleichförmige Temperatur annimmt. Doch dieser Prozess braucht Zeit, und wenn es keine Inflation gegeben hätte, wäre, vorausgesetzt, dass solch ein Wärmetransport durch die Lichtgeschwindigkeit begrenzt wird, in der Geschichte des Universums nicht genügend Zeit gewesen, um einen Temperaturausgleich zwischen weit auseinanderliegenden Regionen zu ermöglichen. Eine sehr schnelle Expansion (sehr viel schneller als das Licht) beseitigt dieses Problem, weil in dem winzigen präinflationären Universum genügend Zeit für den Temperaturausgleich zur Verfügung gestanden hat.

Die Inflation erklärt den Knall im Urknall, zumindest insofern, als die Expansion, für die er steht, weit extremer war als jene, die von der traditionellen Urknalltheorie der allgemeinen Relativität für den Zeitraum vorhergesagt wird, in dem die Inflation stattfand. Das Problem liegt allerdings darin, dass unsere Inflationsmodelle nur funktionieren können, wenn das Universum aus einem sehr speziellen und höchst unwahrscheinlichen Anfangszustand hervorgegangen ist. Daher löst die traditionelle Inflationstheorie eine Reihe von Problemen, schafft aber ein anderes – die Notwendigkeit eines sehr speziellen Anfangszustands. Dieses Zeit-null-Problem wird durch die Theorie von der Entstehung des Universums gelöst, die wir im Folgenden beschreiben wollen.

Da wir den Entstehungszeitpunkt nicht mit Einsteins allgemeiner Relativitätstheorie beschreiben können, müssen wir sie durch eine vollständigere Theorie ersetzen, um den Ursprung des Universums zu schildern. Wir würden auch dann eine vollständigere Theorie brauchen, wenn die allgemeine Relativitätstheorie nicht scheitern würde, denn sie trägt dem von der Quantentheorie vorhergesagten Verhalten der Materie auf winzigsten Größenskalen nicht Rechnung. In Kapitel 4 erwähnten wir, dass die Quantentheorie in der Praxis kaum von Bedeutung für die Untersuchung der großräumigen

Struktur des Universums ist, weil sie nur bei der Beschreibung der Natur auf mikroskopischer Ebene Anwendung findet. Doch wenn wir weit genug in der Zeit zurückgehen, hat das Universum die Ausmaße der Planck-Größe, ein Milliardstel Billionstel Billionstel eines Zentimeters, und das ist eine Größenordnung, bei der die Quantentheorie berücksichtigt werden muss. Obwohl wir also noch keine vollständige Quantentheorie der Gravitation haben, wissen wir, dass der Ursprung des Universums ein Quantenereignis war. So wie wir, zumindest provisorisch, die Quantentheorie mit der allgemeinen Relativitätstheorie kombiniert haben, um die Inflationstheorie herzuleiten, müssen wir hier unser Wissen von der allgemeinen Relativitätstheorie mit der Quantentheorie verbinden.

Dazu ist es notwendig, dass wir ein Grundprinzip verstehen: die Verzerrung von Raum und Zeit durch die Gravitation. Die Raumverzerrung lässt sich leichter veranschaulichen als die Zeitverzerrung. Stellen Sie sich vor, das Universum sei die Oberfläche eines flachen Billardtischs. Die Tischplatte ist ein flacher Raum, zumindest in zwei Dimensionen. Wenn Sie eine Kugel auf dem Tisch anstoßen, rollt sie in gerader Linie davon. Doch wenn der Tisch sich, wie in der Abbildung unten, an einigen Stellen wölbt oder dellt, beschreibt die Kugel einen Bogen.

In diesem Beispiel ist leicht zu erkennen, wie der Billardtisch verzerrt ist, weil er sich nach außen in eine dritte Dimension wölbt, die wir sehen können. Da wir nicht aus unserer Raumzeit hinaustreten können, um ihre Verzerrung zu betrachten, ist die Raumzeitverzerrung in unserem Universum schwieriger vorzustellen. Doch die Verzerrung lässt sich auch entdecken, wenn man nicht hinaustreten und sie aus der Perspektive einer höheren Dimension anschauen kann. Sie lässt sich nämlich vom Rauminneren aus erkennen. Stellen Sie sich eine Mikroameise vor, die sich nur direkt auf der Oberfläche des Tisches bewegen kann. Auch ohne den Tisch zu verlassen, könnte die Ameise durch sorgfältige Vermessung der Entfernungen die Verzerrung entdecken. Beispielsweise ist der Umfang eines Kreises im flachen Raum immer ein bisschen größer als das Dreifache des Kreisdurchmessers – der genaue Faktor ist π. Doch liefe die Ameise quer durch einen Kreis, der die Vertiefung in dem oben abgebildeten Tisch einschlösse, würde sie feststellen, dass der Durchmesser größer ist als erwartet, größer als ein Drittel des Kreisumfangs. Wäre die Delle tief genug, dann könnte sogar der Fall eintreten,

VERZERRTER RAUM – *Materie und Energie verzerren den Raum und verändern dadurch die Bahnen von Objekten.*

in dem die Ameise feststellt, dass der Umfang kürzer ist als der Durchmesser. Vergleichbares gilt für die Verzerrung unseres Universums – sie bewirkt, dass Abstände zwischen bestimmten

Punkten im Raum gedehnt und die zwischen anderen Punkten komprimiert sind, das heißt, sie verändert Geometrie oder Form des Raums in einer Weise, die sich vom Inneren des Universums aus messen lässt. In ähnlicher Weise streckt oder komprimiert die Zeitverzerrung die Zeitintervalle.

Mit diesen Ideen gerüstet, wollen wir uns nun wieder der Frage nach dem Anfang des Universums zuwenden. Von Raum und Zeit können wir, wie hier gesehen, getrennt sprechen, wenn es um Situationen mit geringen Geschwindigkeiten und schwacher Gravitation geht. Im Allgemeinen sind Raum und Zeit jedoch nicht so einfach zu trennen, und die oben beschriebene Verzerrung bringt einen gewissen Grad an Vermischung von Raum und Zeit mit sich, die wichtig für das frühe Universum und der Schlüssel zum Verständnis des Zeitbeginns ist.

Die Frage nach dem Anfang der Zeit ähnelt ein bisschen derjenigen nach dem Rand der Welt. Als die Menschen noch dachten, die Erde sei flach, hätte man sich fragen können, ob das Meer nicht über ihren Rand abläuft. Das konnte man experimentell überprüfen: Man kann um den Planeten reisen, ohne hinunterzufallen. Die Frage, was am Rand der Welt geschicht, wurde beantwortet, als die Menschen erkannten, dass die Welt keine flache Scheibe ist, sondern eine gekrümmte Fläche. Die Zeit dagegen scheint dem Schienenstrang einer Modelleisenbahn zu ähneln. Hätte er einen Anfang, so müsste es jemanden – das heißt Gott – geben, der sie in Gang setzte. Obwohl Einsteins allgemeine Relativitätstheorie Zeit und Raum zur Raumzeit vereinigte und eine gewisse Vermischung von Raum und Zeit vornahm, war die Zeit noch immer vom Raum verschieden, und sie hatte entweder einen Anfang und ein Ende oder ging ewig weiter. Doch sobald wir die Effekte der Quantentheorie in die Relativitätstheorie einbeziehen, kann die Krümmung in Extremfällen so stark sein, dass sich die Zeit wie eine weitere Raumdimension verhält.

Im frühen Universum – als es so klein war, dass es von den Gesetzen der allgemeinen Relativitätstheorie ebenso wie von denen der Quantentheorie regiert wurde – gab es praktisch vier Dimensionen des Raums und keine der Zeit. Wenn wir also vom «Anfang» des Universums sprechen, übergehen wir den komplizierten Umstand, dass es im sehr frühen Universum Zeit, wie wir sie kennen, noch nicht gab! Wir müssen akzeptieren, dass unsere alltäglichen Vorstellungen von Raum und Zeit nicht für das

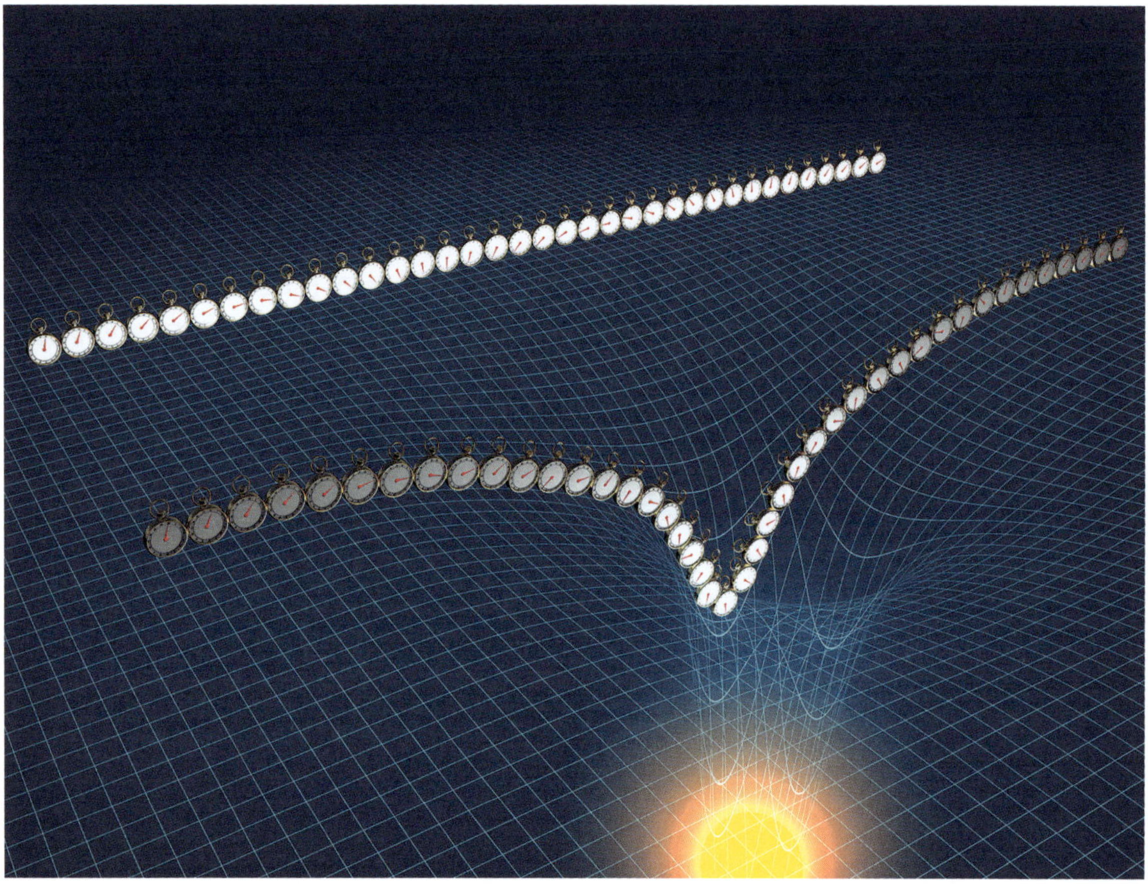

RAUMZEITVERZERRUNG – *Materie und Energie verzerren die Zeit und veranlassen die Zeitdimension, sich mit den Raumdimensionen zu «vermischen».*

sehr frühe Universum gelten. Das überschreitet zwar unsere Erfahrung, aber nicht unsere Vorstellungskraft oder Mathematik. Wenn sich im frühen Universum alle vier Dimensionen räumlich verhalten, was geschah dann am Anfang der Zeit?

Die Erkenntnis, dass die Zeit sich wie eine weitere Raumdimension verhalten kann, bedeutet, dass wir uns der Frage, ob die Zeit einen Anfang hat, auf ähnliche Weise entledigen können wie derjenigen, ob die Welt einen Rand hat. Nehmen wir an, der Anfang des Universums war wie der Südpol der Erde, wobei die Breitengrade die Rolle der Zeit übernehmen. Wenn wir uns nach Norden bewegen, weiten sich die Kreise konstanter Breite aus, die die Größe des Universums darstellen. Das Universum beginnt als ein Punkt am Südpol, der weitgehend jedem beliebigen Punkt ähnelt. Zu fragen, was vor dem Anfang des Universums geschah, wird zu einer sinnlosen Frage, weil es nichts gibt, was südlich des Südpols liegt. Nach dieser Vorstellung hat die Raumzeit keine Grenze – am Südpol gelten die gleichen Gesetze wie an anderen Orten. Wenn wir die allgemeine Relativitätstheorie mit der Quantentheorie kombinieren, wird die Frage, was vor dem Anfang des Universums geschah, auf ganz ähnliche Weise bedeutungslos. Die These, dass Geschichten geschlossene Oberflächen ohne Grenze bzw. Rand sein müssen, ist die sogenannte Kein-Rand-Bedingung.

Im Laufe der Jahrhunderte gingen viele Gelehrte, auch Aristoteles, von der Annahme aus, dass es das Universum schon immer gab, um der Frage auszuweichen, wie es entstanden sei. Andere glaubten, das Universum habe einen Anfang, und verwendeten diese Annahme als ein Argument für die Existenz Gottes. Die Erkenntnis, dass die Zeit sich wie Raum verhält, liefert eine neue Alternative. Sie entkräftet den uralten Einwand gegen die Auffassung, das Universum habe einen Anfang, bedeutet aber auch, dass der Anfang des Universums von den Gesetzen der Wissenschaft bestimmt wurde und nicht von irgendeinem Gott angestoßen werden musste.

Wenn der Ursprung des Universums ein Quantenereignis war, muss es sich mit Hilfe von Feynmans Summen über alle Geschichten exakt beschreiben lassen. Die Quantentheorie auf das gesamte Universum anzuwenden – wobei die Beobachter Teil des beobachteten Systems sind –, ist jedoch kompliziert. In Kapitel 4 haben wir gehört, wie Materieteilchen, die auf eine Trennwand mit zwei Spalten abgefeuert werden, ganz ähnliche Interferenzmuster wie Wasserwellen erkennen lassen. Dazu kommt es, wie Feynman nachwies, weil ein Teilchen nicht nur eine einzige Geschichte hat. Wenn es sich von seinem Ausgangspunkt A zu einem beliebigen Endpunkt B bewegt, folgt es nämlich nicht einem bestimmten Pfad, sondern wählt gleichzeitig jeden beliebigen möglichen Pfad, der die beiden Punkte verbindet. So gesehen, ist die Interferenz keine Überraschung, weil das Teilchen beispielsweise gleichzeitig beide Spalte passieren und so mit sich selbst interferieren kann. Auf die Bewegung eines Teilchens angewendet, sagt uns Feynmans Methode, dass wir, um die Wahrscheinlichkeit irgendeines bestimmten Endpunkts zu berechnen, alle möglichen Geschichten berücksichtigen müssen, denen das Teilchen von seinem Ausgangspunkt zu diesem Endpunkt folgen könnte. Man kann Feynmans Verfahren auch zur Berechnung der Quantenwahrscheinlichkeit von Beobachtungen des Universums verwenden. Wenn sie auf das Universum als Ganzes angewendet werden, gibt es keinen Punkt A, daher addieren wir alle Geschichten, die die Kein-Rand-Bedingung erfüllen und zu einem Universum mit denjenigen Eigenschaften führen, die wir heute beobachten.

Nach dieser Auffassung bildete sich das Universum spontan und entwickelte sich auf alle möglichen Weisen. Die entsprachen meistens anderen Universen. Ein paar dieser Universen ähnelten dem unseren, doch die meisten waren ganz anders. Sie sind nicht nur in Einzelheiten anders – etwa in der Frage, ob Elvis wirklich tot ist oder ob sich Rüben als Nachtisch eignen –, sondern auch in Bezug auf die Naturgesetze, die in ihnen gelten. Tatsächlich gibt es viele Universen mit vielen verschiedenen Versionen physikalischer Gesetze. Einige Menschen machen ein großes Geheimnis aus dieser Hypothese – die manchmal als Multiversums-Konzept bezeichnet wird –, dabei handelt es sich einfach um einen anderen Ausdruck für Feynmans Summe über alle Geschichten.

Um uns eine Vorstellung davon zu verschaffen, wollen wir Eddingtons Ballon-Vergleich etwas verändern und uns das expandierende Universum statt als Ballon als Oberfläche einer Blase vorstellen. Unser Bild von der spontanen quantentheoretischen Entstehung des Universums ähnelt dann ein wenig der Bildung von Dampfblasen in kochendem Wasser. Viele winzige Blasen bilden sich und verschwinden wieder. Diese stellen Mini-Universen dar, die expandieren, aber bereits wieder zusammenfallen, während sie noch mikroskopisch klein sind. Sie stehen für mögliche alternative Universen, sind aber nicht von großem Interesse, da sie nicht lange genug Bestand haben, dass sich darin Galaxien und Sterne entwickeln könnten,

von intelligentem Leben ganz zu schweigen. Einige der kleinen Blasen werden jedoch so groß, dass ihnen kein Kollaps mehr droht. Sie setzen ihre Expansion mit ständig anwachsender Geschwindigkeit fort und bilden die Dampfblasen,

DAS MULTIVERSUM – *Quantenfluktuationen führen zur Schaffung winziger Universen aus dem Nichts. Einige erreichen eine kritische Größe, expandieren dann inflationär; in ihnen entstehen Galaxien, Sterne und, in mindestens einem Fall, Wesen wie wir.*

die wir sehen können. Sie entsprechen Universen, die sogleich mit extremer Beschleunigung expandieren, das heißt Universen in einem inflationären Zustand.

Wie gesagt, wäre die inflationsbedingte Expansion nicht vollkommen gleichförmig. Bei der Summe über Geschichten gibt es nur eine einzige vollkommen gleichförmige und regelmäßige Geschichte, und es zeigt sich, dass dieser Geschichte die größte Wahrscheinlichkeit zukommt. Doch viele andere Geschichten, die leichte Unregelmäßigkeiten aufweisen, besitzen fast ebenso große Wahrscheinlichkeiten. Daher sagt die Inflation vorher, dass das frühe Universum wahrscheinlich ein wenig ungleichförmig gewesen sein wird – ein Umstand, der sich in Gestalt der kleinen, in der CMB beobachteten Temperaturschwankungen niederschlägt. Die Unregelmäßigkeiten im frühen Universum sind ein glücklicher Umstand für uns. Warum? Homogenität ist gut, wenn die Sahne sich nicht auf Ihrer Milch absetzen soll, doch ein gleichförmiges Universum ist ein langweiliges Universum. Die Unregelmäßigkeiten im frühen Universum sind wichtig, denn wenn es in einigen Regionen eine etwas höhere Dichte hatte als in anderen, verlangsamte die Gravitationsanziehung der Extradichte die Expansion dieser Region im Vergleich zu ihrer Umgebung. Da die Gravitationskraft langsam Materie zusammenzieht, kann sie schließlich deren Kollaps zu Galaxien und Sternen bewirken, was möglicherweise zur Entstehung von Planeten und, mindestens in einem Fall, von Menschen führt. Also schauen Sie sich die Karte des Mikrowellenhimmels genau an. Sie ist die Blaupause für alle Strukturen im Universum. Wir sind das Produkt von Quantenfluktuationen im sehr frühen Universum. Wäre man religiös, könnte man sagen, Gott würfelt *doch*.

Die Überlegungen führen uns zu einem Verständnis des Universums, das sich grundlegend von dem traditionellen Konzept unterscheidet und uns zwingt, unsere Vorstellung von der Geschichte des Universums zu revidieren. Um kosmologische Vorhersagen zu machen, müssen wir berechnen, wie wahrscheinlich verschiedene Zustände des Universums zum gegenwärtigen Zeitpunkt sind. Normalerweise nimmt man in der Physik irgendeinen Anfangszustand eines Systems an, um ihn dann mit den entsprechenden mathematischen Gleichungen in der Zeit vorwärtszuentwickeln. Ist der Zustand eines Systems zu einer bestimmten Zeit gegeben, versucht man zu berechnen, mit welcher Wahrscheinlichkeit sich das System zu einem späte-

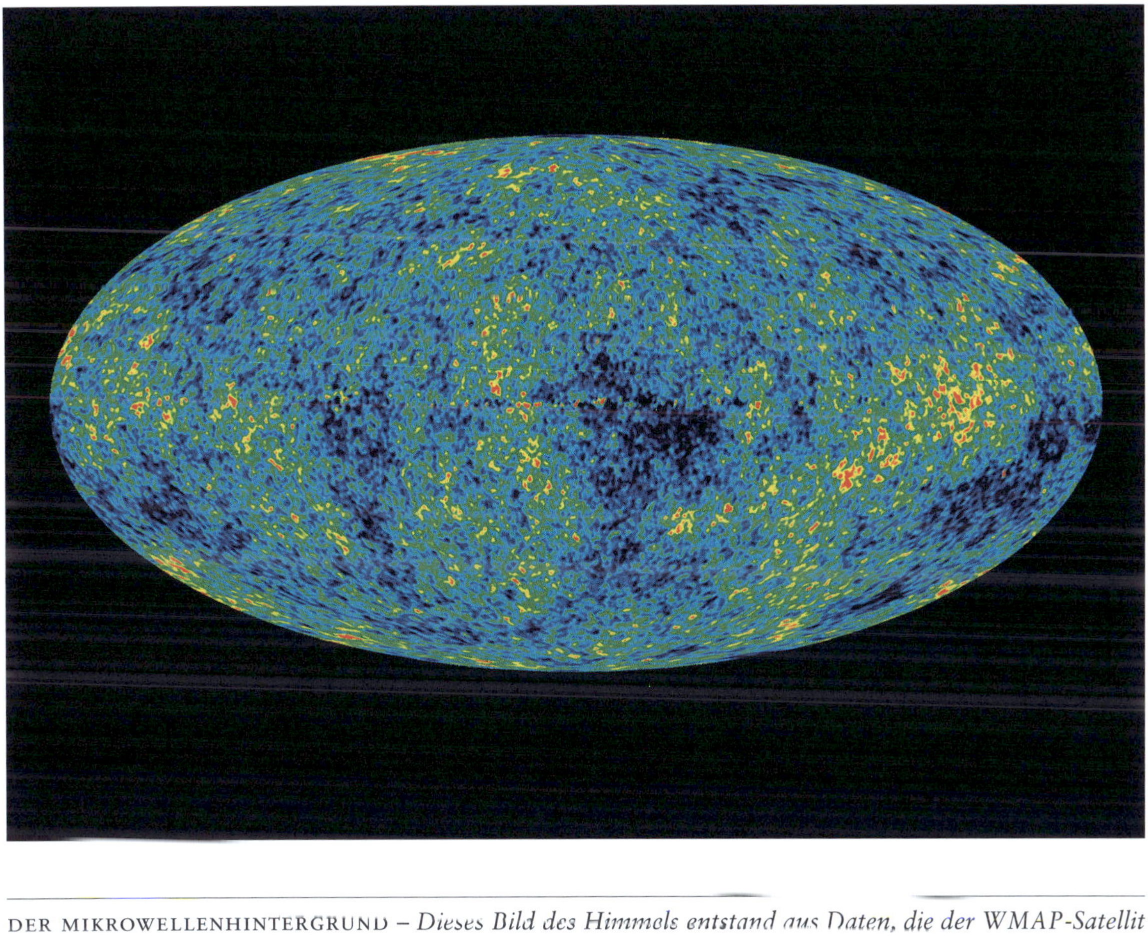

DER MIKROWELLENHINTERGRUND – *Dieses Bild des Himmels entstand aus Daten, die der WMAP-Satellit über sieben Jahre hinweg sammelte. Er zeigt durch Farbunterschiede wiedergegebene Temperaturfluktuationen, die 13,7 Milliarden Jahre zurückreichen. Die abgebildeten Fluktuationen entsprechen Temperaturunterschieden von weit weniger als einem tausendstel Grad Celsius. Trotzdem waren sie die Samenkörner, aus denen die Galaxien wuchsen. (Mit freundlicher Genehmigung des NASA/WMAP Science Team)*

ren Zeitpunkt in einem bestimmten anderen Zustand befinden wird. Gewöhnlich geht man in der Kosmologie von der Annahme aus, das Universum habe nur eine einzige eindeutige Geschichte. Mit den physikalischen Gesetzen kann man berechnen, wie sich diese Geschichte mit der Zeit entfaltet. Wir wollen das hier den kosmologischen «Bottom-up-Ansatz» (von unten nach oben) nennen.

Doch da wir die Quantennatur des Universums berücksichtigen müssen, wie sie in Feynmans Summe über alle Geschichten zum Ausdruck kommt, erhalten wir die Wahrscheinlichkeitsamplitude, dass sich das Universum jetzt in einem bestimmten Zustand befindet, indem wir die Beiträge aller Geschichten addieren, die die Kein-Rand-Bedingung erfüllen und in dem betreffenden Zustand enden. Mit anderen Worten, wir sollten in der Kosmologie der Geschichte des Universums nicht von unten nach oben – *bottom up* – folgen, weil das voraussetzt, dass es eine einzige Geschichte gibt, mit einem Ausgangspunkt und einer Evolution, die wohldefiniert sind. Stattdessen sollten wir die Geschichten «von oben nach unten» – *top down* – betrachten, vom gegenwärtigen Zeitpunkt aus rückwärts. Einige Geschichten werden wahrscheinlicher als andere sein, und die Summe wird normalerweise von einer einzigen Geschichte beherrscht werden, die mit der Entstehung des Universums beginnt und in dem betrachteten Zustand gipfelt. Doch es wird verschiedene Geschichten für verschiedene mögliche Zustände des Universums zum gegenwärtigen Zeitpunkt geben. Das führt zu einer völlig veränderten Auffassung der Kosmologie und der Beziehung zwischen Ursache und Wirkung. Die Geschichten, die zur Feynman-Summe beitragen, haben keine unabhängige Existenz, sondern sind durch das bedingt, was gemessen wird. Nicht die Geschichte macht uns, sondern wir machen Geschichte durch unsere Beobachtung.

Die Annahme, das Universum habe nicht nur eine beobachterunabhängige Geschichte, scheint bestimmten Tatsachen, die wir kennen, zu widersprechen. So könnte es eine Geschichte geben, in der der Mond aus Roquefortkäse besteht. Unsere Beobachtungen zeigen aber, dass der Mond nicht aus Käse ist; eine schlechte Nachricht für die Mäuse. Daher tragen Geschichten, in denen der Mond aus Käse besteht, nicht zum gegenwärtigen Zustand des Universums bei, vielleicht aber zu anderen Zuständen. Das mag sich nach Science-Fiction anhören, ist es aber nicht.

Eine bedeutsame Konsequenz des Top-down-Ansatzes ist, dass die in unserem Universum nachgewiesenen Naturgesetze von der Geschichte des Universums abhängen. Viele Forscher glauben, es gibt eine einzige Theorie, die nicht nur diese Gesetze erkläre, sondern auch die physikalischen Naturkonstanten – die Masse des Elektrons zum Beispiel oder die Dimensionalität der Raumzeit. Doch die Top-down-Kosmologie verlangt, dass die Naturgesetze, die sich in einem Universum manifestieren, verschieden für verschiedene Geschichten sind.

Nehmen wir die nachgewiesenen Dimensionen des Universums. Nach der M-Theorie hat die Raumzeit zehn Dimensionen des Raums und eine der Zeit. Sieben dieser Raumdimensionen sind so eng aufgewickelt, dass wir sie nicht bemerken, daher haben wir die Illusion, es gebe nur die drei verbleibenden großen Dimensionen, mit denen wir vertraut sind. Eine der wichtigen noch offenen Fragen der M-Theorie lautet: Warum gibt es in unserem Universum nicht mehr große Dimensionen, und warum sind überhaupt Dimensionen aufgewickelt?

Viele würden gerne glauben, es gäbe irgendeinen Mechanismus, der alle Raumdimensionen bis auf drei veranlasst, sich spontan aufzuwickeln. Oder anders: Alle Dimensionen hätten klein begonnen, doch aus einem nachvollziehbaren Grund hätten sich drei Raumdimensionen ausgedehnt, die anderen nicht. Es scheint jedoch keinen Entwicklungsmechanismus zu geben, der uns zuverlässig ein vierdimensionales Universum beschert. Stattdessen folgt aus der Top-down-Kosmologie, dass die Zahl der großen Raumdimensionen durch kein physikalisches Prinzip festgelegt ist. Es gibt eine quantenphysikalische Wahrscheinlichkeitsamplitude für jede Zahl großer Raumdimensionen von 0 bis 10. Die Feynman-Summe lässt sie alle zu, billigt dem Universum jede mögliche Geschichte zu, doch die Beobachtung, dass unser Universum drei große Raumdimensionen besitzt, wählt die Unterklasse von Geschichten mit der beobachteten Eigenschaft aus. Mit anderen Worten, die Quantenwahrscheinlichkeit, dass das Universum nicht drei, sondern mehr oder weniger als drei große Raumdimensionen hat, ist irrelevant, weil wir seine Dimensionen bereits gemessen und festgestellt haben, dass wir uns in einem Universum mit drei großen Raumdimensionen befinden. Solange also die Wahrscheinlichkeitsamplitude für drei große Raumdimensionen nicht exakt null ist, spielt es keine Rolle, wie klein sie im Vergleich mit der Wahrscheinlichkeitsamplitude für andere Dimensionszahlen ist. Genauso gut könnte man nach der Wahrscheinlichkeitsamplitude fragen, der zufolge der gegenwärtige Papst Chinese ist. Wir wissen, dass er Deutscher ist, obwohl die Wahrscheinlichkeit, dass er Chinese ist, ohne diese Zusatzinformation höher ist, weil es mehr Chinesen als Deutsche gibt. Entsprechend wissen wir, dass unser Universum drei große Raumdimensionen aufweist, und obwohl andere Zahlen großer Raumdimensionen möglicherweise eine größere Wahrscheinlichkeitsamplitude haben, sind wir nur an Geschichten mit dreien interessiert.

Was ist mit den aufgewickelten Dimensionen? Wir erinnern uns, dass in der M-Theorie die genaue Form der restlichen aufgewickelten Dimensionen sowohl die Werte der physikalischen Größen als auch die Ladung des Elektrons und die Art der Wechselwirkungen zwischen Elementarteilchen, das heißt die Naturkräfte, festlegt. Wir hätten eine übersichtliche Situation, wenn die M-Theorie nur eine Form – oder vielleicht einige wenige Formen – für die aufgewickelten Dimensionen zuließe, das heißt alle anderen auf irgendeine Weise ausschlösse, sodass uns nur noch eine Möglichkeit für die scheinbaren Naturgesetze bliebe. Stattdessen gibt es möglicherweise stattliche 10^{500} verschiedene Arten, Extradimensionen aufzuwickeln, von denen jede zu anderen Gesetzen und Werten der physikalischen Konstanten führt.

Folgt man bei der Rekonstruktion der Geschichte des Universums dem Bottom-up-Ansatz, gibt es keinen Grund dafür, dass das Universum am Ende Extradimensionen hat, die gerade so aufgewickelt sind, dass es den tatsächlichen Teilchenwechselwirkungen – dem Standardmodell (der Elementarteilchen-Wechselwirkungen) – entspricht. Beim Top-down-Ansatz dagegen akzeptieren wir, dass Universen mit allen denkbaren Arten und Weisen, Extradimensionen aufzurollen, existieren. In einigen Universen haben Elektronen das Gewicht von Golfbällen, und die Kraft der Gravitation übertrifft die des Magnetismus. In unserem gilt eben das Standardmodell mit all seinen Parameterwerten. Man kann die Wahrscheinlichkeitsamplitude für das Aufwickeln von Extradimensionen berechnen, das auf der Grundlage der Kein-Rand-Bedingung zum Standardmodell führt. Wie bei der Wahrscheinlichkeit, dass es ein Universum mit drei großen Raumdimensionen gibt, spielt es keine Rolle, wie klein diese Amplitude im Vergleich mit anderen Möglichkeiten ist, weil wir bereits beobachtet haben, dass das Standardmodell unser Universum beschreibt.

Die Theorie, die wir in diesem Kapitel beschreiben, ist überprüfbar. In den vorstehenden Beispielen haben wir zwar deutlich gemacht, dass die relativen Wahrscheinlichkeitsamplituden für vollkommen verschiedene Universen – etwa solchen mit einer anderen Zahl von großen Dimensionen – keine Rolle spielen. Die relativen Wahrscheinlichkeitsamplituden für benachbarte (das heißt ähnliche) Universen sind jedoch wichtig. Die Kein-Rand-Bedingung führt dazu, dass die Wahrscheinlichkeitsamplitude am höchsten für Geschichten ist, bei denen das Universum vollkommen homogen ist. Die Amplitude verringert sich für Universen, die unregelmäßiger sind. Daraus folgt, dass das frühe Universum fast homogen gewesen ist, aber doch kleine Unregelmäßigkeiten aufwies. Wie erwähnt, können wir diese als kleine Schwankungen in den Eigenschaften der Mikrowellen wahrnehmen, die uns aus den verschiedenen Himmelsrichtungen erreichen. Wie sich herausgestellt hat, entsprechen sie exakt den ganz allgemein von der Inflationstheorie geforderten Bedingungen; allerdings sind genauere Messungen erforderlich, um die Top-down-Theorie vollständig von anderen zu unterscheiden und sie entweder zu stützen oder zu widerlegen. Das könnten künftige Satelliten durchaus leisten.

Vor einigen Jahrhunderten glaubten die Menschen, die Erde sei einzigartig und bilde den Mittelpunkt des Universums. Heute wissen wir, dass es etliche Hundert Milliarden Sterne in unserer Galaxie gibt, ein hoher Prozentsatz von ihnen mit Planetensystemen, und dass es einige Hundert Milliarden Galaxien gibt. Die in diesem Kapitel beschriebenen Ergebnisse lassen darauf schließen, dass selbst unser Universum eines von vielen ist und dass die in ihm manifesten Gesetze nicht eindeutig vorherbestimmt sind. Das muss eine Enttäuschung für die Forscher sein, die auf eine letztgültige Theorie hofften, eine Theorie von Allem, die die Natur der alltäglichen Physik vorhersagen würde. Wir können keine separaten Eigenschaften vorhersagen wie die Zahl der großen Raumdimensionen oder den inneren Raum, der die beobachteten physikalischen Größen bestimmt (das heißt die Masse und Ladung des Elektrons und anderer Elementarteilchen). Mit diesen Zahlen wählen wir stattdessen die Geschichten aus, die zur Feynman-Summe beitragen.

Wir scheinen an einem entscheidenden Punkt der Wissenschaftsgeschichte zu stehen, an dem wir unsere Ziele und das, was eine physikalische Theorie akzeptierbar macht, neu definieren müssen. Offenbar werden die fundamentalen Zahlen und sogar die Form der in unserem Kosmos nachweisbaren Naturgesetze nicht von der Logik oder von physikalischen Prinzipien verlangt. Die Parameter können viele Werte und die Gesetze beliebige Formen annehmen, die zu einer selbstkonsistenten mathematischen Theorie führen, und sie besitzen tatsächlich verschiedene Werte und verschiedene Formen in verschiedenen Universen. Das mag unbefriedigend für unser menschliches Verlangen sein, etwas Besonderes zu sein oder alle Gesetze der Physik in einem säuberlich geschnürten Paket serviert zu bekommen, aber so hält die Physik es nun einmal.

Offenbar gibt es eine riesige Landschaft möglicher Universen. Doch wie wir im nächsten Kapitel sehen werden, sind Universen selten, in denen Leben wie das unsere existieren kann. Wir befinden uns in einem, wo Leben möglich ist, doch wäre das Universum nur ein wenig anders, könnten Wesen wie wir nicht darin existieren. Was schließen wir aus dieser Feinabstimmung? Ist sie am Ende doch der Beweis dafür, dass das Universum das Werk eines wohlwollenden Schöpfers ist? Oder liefert uns die Wissenschaft eine andere Erklärung?

KAPITEL 7

DAS SCHEINBARE WUNDER

IN DER CHINESISCHEN MYTHOLOGIE wird von einer Zeit während der Xia-Dynastie (2205–1782 v. Chr.) berichtet, in der sich unsere kosmische Umgebung plötzlich veränderte. Zehn Sonnen erschienen am Himmel. Die Menschen auf der Erde litten entsetzlich unter der Hitze, daher befahl der Kaiser einem berühmten Bogenschützen, die zusätzlichen Sonnen vom Himmel zu schießen. Als Belohnung erhielt der Schütze eine Pille, die Unsterblichkeit schenkte, doch seine Frau stahl sie ihm. Wegen dieses Vergehens wurde sie auf den Mond verbannt.

Die alten Chinesen hatten recht mit der Annahme, dass ein Sonnensystem mit zehn Sonnen dem menschlichen Leben nicht zuträglich wäre. Heute wissen wir, dass sich, ungeachtet der tollen Bräunungschancen, in einem Sonnensystem mit mehreren Sonnen wahrscheinlich kein Leben entwickeln könnte. Die Gründe liegen nicht ganz so einfach wie die sengende Hitze, die im chinesischen Mythos beschworen wird. Zumindest eine Zeitlang könnte auf einem Planeten, der ein Mehrfachsternsystem umkreist, eine durchaus angenehme Temperatur herrschen. Doch gleichbleibend warme Verhältnisse über lange Zeiträume – eine Situation, die für das Leben notwendig zu sein scheint – wären unwahrscheinlich.

Um das zu verstehen, wollen wir uns anschauen, was in einem Mehrfachsternsystem der einfachsten Art passiert – da es zwei Sonnen hat, heißt es Doppelstern oder Doppelsternsystem. Ungefähr die Hälfte aller Sterne am Himmel gehört zu solchen Systemen. Doch selbst in einfachen Doppelsternsystemen sind nur die auf der nächsten Seite abgebildeten Bahnen stabil. Bei allen diesen Bahnen gäbe es wahrscheinlich Zeiträume, während derer es auf dem Planeten entweder zu heiß oder zu kalt wäre, als dass es Leben geben könnte. Noch schlimmer ist die Situation bei Haufen, in denen viele Sterne nahe beieinanderliegen.

Unser Sonnensystem besitzt noch weitere «glückliche» Eigenschaften, ohne die sich komplexe Lebensformen vermutlich nie entwickelt hätten. Beispielsweise gestatten Newtons Gesetze für Planetenbahnen nur die Form von Kreisen oder die von Ellipsen (Ellipsen sind gestauchte Kreise, also entlang der einen Achse breiter und entlang der anderen schmaler). Der Grad der Stauchung entspricht der sogenannten Exzentrizität der Ellipse, die durch eine Zahl zwischen 0 und 1 angegeben wird. Eine Exzentrizität nahe 0 heißt, dass die Figur fast so aussieht wie ein Kreis, während eine Exzentrizität nahe 1 bedeutet, dass sie stark abgeflacht ist.

PLANETENBAHNEN IM DOPPELSTERNSYSTEM – *Planeten in einem Doppelsternsystem haben wahrscheinlich unfreundliches Wetter – in manchen Jahreszeiten zu heiß für Leben, in anderen zu kalt.*

Kepler missfiel der Gedanke, dass sich Planeten nicht auf vollkommenen Kreisbahnen bewegen, doch die Erdbahn hat eine Exzentrizität von nur 0,02, also nur nahezu Kreisform. Das erweist sich als ausgesprochener Glücksfall.

Jahreszeitliche Wettermuster auf der Erde werden vor allem von der Neigung der Erdachse relativ zur Ebene ihrer Bahn um die Sonne bestimmt. Beispielsweise ist während des Winters auf der nördlichen Erdhalbkugel der Nordpol

EXZENTRIZITÄTEN – *Die Exzentrizität ist ein Maß für die Kreisähnlichkeit einer Ellipse. Kreisförmige Bahnen sind lebenszuträglich, während sehr längliche Bahnen starke jahreszeitliche Schwankungen mit sich bringen.*

von der Sonne fort geneigt. Der Umstand, dass die Erde in dieser Zeit der Sonne am nächsten steht – eine Entfernung von 147,1 Millionen Kilometern gegenüber 152,1 Millionen Kilometern im Juli –, wirkt sich im Vergleich zur Achsenneigung nur so gering aus, dass man ihn getrost vernachlässigen kann. Auf Planeten mit großer Bahnexzentrizität dagegen spielt die schwankende Entfernung von der Sonne eine weit größere Rolle. Auf Merkur beispielsweise, bei dem die Exzentrizität 0,2 beträgt, ist die Temperatur bei der größten Nähe des Planeten zur Sonne (dem sogenannten Perihel) mehr als 100 Grad wärmer als bei der größten Entfernung von der Sonne (dem Aphel). Läge die Exzentrizität der Erdbahn nahe 1, würden die Ozeane kochen, wenn wir den Perihel erreichten, und zufrieren, wenn wir uns am Aphel befänden, was weder den Sommer- noch den Winterurlaub sehr angenehm machen würde. Große Bahnexzentrizitäten sind dem Leben nicht zuträglich, deshalb dürfen wir uns glücklich schätzen, einen Planeten zu haben, bei dem die Exzentrizität nahe 0 liegt.

Glück haben wir auch, was die Beziehung zwischen der Sonnenmasse und unserer Entfernung von der Sonne angeht. Die Masse eines Sterns bestimmt nämlich, wie viel Energie er abstrahlt. Die größten Sterne haben eine Masse rund hundert Mal so groß wie die unserer Sonne, während die kleinsten Sterne es nur auf ein Hundertstel der Sonnenmasse bringen. Doch wenn wir die Entfernung zwischen Erde und Sonne konstant lassen, dann wäre unsere Erde, besäße die Sonne nur 20 Prozent mehr oder weniger Masse, heißer als heute die Venus beziehungsweise kälter als heute der Mars.

Herkömmlicherweise definiert man bei einem Stern die «habitable Zone» als jene schmale Region in der Umgebung des Sterns, in der die herrschenden Temperaturen Wasser in flüssigem Zustand ermöglichen. Manchmal wird die habitable Zone auch «Goldilocks-Zone» genannt. Die Bedingung, dass es flüssiges Wasser geben muss, bedeutet nämlich, dass sich intelligentes Leben nur entwickeln kann, wenn die planetarischen Temperaturen, wie für Goldilocks, «genau richtig» sind.*

Wie die Abbildung zeigt, ist die habitable Zone in unserem Sonnensystem winzig. Zum Glück für diejenigen unter uns, die zu den intel-

* In dem englischen Märchen kostet Goldlöckchen in einer Hütte, in der drei Bären wohnen, von drei Schüsseln mit Brei. Die eine ist zu heiß, die zweite zu kalt und die dritte «gerade richtig». Die isst Goldlöckchen leer. (A. d. Ü.)

GOLDILOCKS-ZONE – *Würde Goldlöckchen Planeten probieren, würde sie feststellen, dass nur die in der grünen Zone für Leben geeignet sind. Der gelbe Stern ist unsere Sonne. Die weißeren sind größer und heißer, die röteren kleiner und kälter. Planeten, die sich näher an ihren Sonnen befinden als die grüne Zone, wären zu heiß für Leben und Planeten jenseits der Zone zu kalt. Bei kühleren Sternen ist die habitable Zone kleiner.*

ligenten Lebensformen gehören, liegt die Erde in dieser Zone!

Newton glaubte, dass unser seltsam bewohnbares Sonnensystem nicht «nur durch die Naturgesetze aus dem Chaos erwuchs». Stattdessen behauptete er, die Ordnung des Universums «wurde zunächst von Gott geschaffen und bis auf den heutigen Tag von ihm in ihrer ursprünglichen Verfassung und Beschaffenheit erhalten». Es ist leicht zu verstehen, wie jemand auf diesen Gedanken kommen kann. Die vielen unwahrscheinlichen Umstände, die zusammenkommen mussten, um unsere Existenz und die menschenfreundliche Beschaffenheit unserer Welt zu ermöglichen, wären in der Tat verwirrend, wenn unser Sonnensystem das einzige im Universum wäre. Doch 1992 gab es die erste bestätigte Beobachtung eines Planeten, der einen anderen Stern als unsere Sonne umkreiste. Inzwischen kennen wir Hunderte solcher Planeten, und wenige bezweifeln, dass es noch zahllose andere unter den vielen Milliarden Sternen in unserem Universum gibt. Das lässt die Zufälle unserer planetarischen Bedingungen – eine einzige Sonne, die glückliche Kombination von Erde-Sonne-Entfernung und Sonnenmasse – weit weniger bemerkenswert und weit weniger überzeugend als Beweis dafür erscheinen, dass die Erde so sorgfältig geplant wurde, nur um uns zu gefallen. Es gibt Planeten aller Art. Einige – oder zumindest einer – beherbergen Leben. Wenn die Wesen auf einem Planeten, der Leben beherbergt, die Welt um sich her untersuchen, müssen sie natürlich zu dem Ergebnis kommen, dass ihre Umwelt die für ihre Existenz erforderlichen Bedingungen erfüllt.

Aus dieser letzten Feststellung lässt sich ein wissenschaftliches Prinzip entwickeln: Die bloße Tatsache unserer Existenz legt fest, von wo aus und zu welcher Zeit wir das Universum beobachten können. Das heißt, unser Vorhandensein begrenzt die möglichen Merkmale der Umwelt, in der wir uns befinden. Das ist das «schwache» anthropische Prinzip. (Wir werden gleich sehen, warum man das Adjektiv «schwach» hinzugefügt hat.) Eine treffendere Bezeichnung als «anthropisches Prinzip» wäre «Selektionsprinzip» gewesen, weil es darum geht, dass das Wissen um unsere Existenz uns zwingt, uns bei der Betrachtung aller möglichen Umwelten auf diejenigen zu beschränken – also diejenigen Umwelten auszuwählen –, die Leben zulassen.

Obwohl das schwache anthropische Prinzip verdächtig nach Philosophie klingt, lassen sich mit ihm wissenschaftliche Vorhersagen treffen. Betrachten wir beispielsweise die Frage: Wie alt ist das Universum? Wie wir gleich sehen werden, muss das Universum, damit es uns geben kann, Elemente wie Kohlenstoff enthalten, die im Inneren von Sternen aus leichteren Elementen gebrannt werden. Der Kohlenstoff muss dann durch eine Supernova-Explosion ins All geschleudert werden, um schließlich als Teil eines Planeten in einem jüngeren Sonnensystem zu kondensieren. 1961 veröffentlichte der Physiker Robert Dicke eine Abschätzung, der zufolge dieser Prozess rund 10 Milliarden Jahre brauche, daher folge aus unserer Existenz, dass das Universum zumindest so alt sein müsse. Andererseits kann das Universum nicht viel älter als 10 Milliarden Jahre alt sein, da in der fernen Zukunft aller Brennstoff der Sterne aufgebraucht sein wird, wir aber solche heißen Sterne zum Leben brauchen. Folglich muss das Universum rund 10 Milliarden Jahre alt sein. Das ist zwar keine besonders spezifische Vorhersage, aber sie stimmt – nach neuesten Daten fand der Urknall vor rund 13,7 Milliarden Jahren statt.

Wie bei der Altersbestimmung des Universums liefert das anthropische Prinzip gewöhnlich für einen gegebenen physikalischen Parameter einen Wertebereich anstatt eines ganz bestimmten Wertes. Der Grund: Unsere Existenz setzt wohl zwar in manchen Fällen keinen bestimmten Wert für einen physikalischen Parameter voraus, ist aber oft darauf angewiesen, dass solche Parameter nicht allzu weit von den tatsächlich ermittelten Werten abweichen. Außerdem erwarten wir, dass die tatsächlichen Bedingungen unserer Welt typische Vertreter der im anthropisch erlaubten Bereich enthaltenen Werte sind. Wenn beispielsweise nur geringe Bahnexzentrizitäten, sagen wir zwischen 0 und 0,5, Leben zulassen, dann sollte uns eine Exzentrizität von 0,1 nicht überraschen, weil unter allen Planeten im Universum ein ansehnlicher Prozentsatz so kleine Exzentrizitäten aufweisen dürfte. Doch wenn sich erwiese, dass die Erde sich in einem fast vollkommenen Kreis bewegt, etwa mit einer Exzentrizität von 0,00 000 000 001, würde das die Erde wirklich zu einem ganz besonderen Planeten machen, sodass es Erklärungsbedarf dafür gäbe, warum wir auf so einem anomalen Planeten zu Hause sind. Dieses Konzept wird bisweilen das Prinzip der Mittelmäßigkeit genannt.

Das glückliche Zusammentreffen von Bahnform, Sonnenmasse und so fort bezeichnen wir als umweltbedingt, weil es auf günstigen Eigenschaften unserer konkreten Umgebung, nicht aber auf Eigenschaften der fundamentalen Naturgesetze beruht. Auch das Alter des Universums ist ein Umweltfaktor, da es eine frühere und eine spätere Zeit in der Geschichte des Universums gibt. Wir müssen in dieser spezifischen Epoche leben, weil es die einzige ist, die Leben ermöglicht. Umweltzufälle sind leicht zu verstehen, weil unser kosmisches Habitat nur eines unter vielen anderen ist, die es im Universum gibt, und weil wir natürlich in einem Habitat leben müssen, das Leben ermöglicht.

Das schwache anthropische Prinzip ist allgemein akzeptiert. Doch es gibt noch eine stärkere Form, für die wir hier plädieren werden, obwohl sie bei einigen Physikern auf Geringschätzung stößt. Das starke anthropische Prinzip besagt, dass die Tatsache unserer Existenz neben unserer *Umwelt* auch den möglichen *Formen und Inhalten der Naturgesetze* Einschränkungen auferlegt. Es scheinen nämlich nicht nur die besonderen Merkmale unseres Sonnensystems der Entwicklung menschlichen Lebens eigentümlich förderlich zu sein, sondern auch die Merkmale unseres Universums als Ganzes, und das ist weit schwieriger zu erklären.

Wie sich das aus Wasserstoff, Helium und ein wenig Lithium bestehende Uruniversum so weiterentwickelte, dass schließlich ein Universum entstand, das zumindest einen Planeten mit intelligentem Leben wie dem unseren enthält, ist eine Erzählung mit vielen Kapiteln. Wie erwähnt, mussten die Naturkräfte so beschaffen sein, dass schwerere Elemente – insbesondere Kohlenstoff – aus den Urelementen erzeugt werden konnten und mindestens einige Milliarden Jahre stabil blieben. Diese schweren Elemente wurden in jenen Hochöfen gebildet, die wir Sterne nennen, daher mussten die Kräfte zunächst einmal zulassen, dass sich überhaupt Sterne und Galaxien bildeten. Diese kosmischen Objekte entwickelten sich aus den Keimen winziger Inhomogenitäten im frühen Universum, das fast vollkommen gleichförmig war, aber dankenswerterweise Dichteschwankungen von ungefähr einem Hunderttausendstel aufwiesen. Doch das Vorhandensein von Sternen und der uns konstituierenden Elemente im Inneren dieser Sterne reicht nicht aus. Die Dynamik der Sterne musste dergestalt beschaffen sein, dass einige am Ende ihrer Entwicklung explodierten, mehr noch, so explodierten, dass ihre schwereren Elemente im All verstreut wurden. Ferner mussten die Naturgesetze bewirken, dass diese Überreste zu einer neuen Generation von Sternen kondensieren konnten, um die herum Planeten entstanden, welche die neugebildeten schweren Elemente enthielten. Wie bestimmte Ereignisse auf der Erde unsere

Evolution ermöglichen mussten, so war auch jedes Glied der kosmischen Kette erforderlich für unsere Existenz. Doch bei den Ereignissen, die zur Entwicklung des Universums führten, war das ausgewogene Verhältnis der Fundamentalkräfte ausschlaggebend: Dieses Zusammenspiel musste genau richtig sein, damit unsere Existenz möglich wurde.

Als einer der Ersten hat Fred Hoyle in den fünfziger Jahren erkannt, dass daran ein gerüttelt Maß an glücklichen Zufällen beteiligt gewesen sein muss. Hoyle war überzeugt, dass alle chemischen Elemente ursprünglich aus Wasserstoff gebildet wurden, den er für die wahre Ursubstanz hielt. Wasserstoff hat den einfachsten Atomkern, er besteht aus nur einem Proton, entweder allein oder zusammen mit einem beziehungsweise zwei Neutronen. (Verschiedene Formen des Wasserstoffs – oder anderer Kerne – mit gleicher Protonenzahl, aber verschiedenen Neutronenzahlen heißen Isotope.)

Heute wissen wir, dass auch Helium und Lithium, Atome, deren Kerne zwei beziehungsweise drei Protonen enthalten, in sehr viel kleineren Mengen während dieser Ursynthese entstanden, als das Universum rund 200 Sekunden alt war. Das Leben dagegen ist auf komplexere Elemente angewiesen. Das wichtigste ist Kohlenstoff, die Grundlage aller organischen Chemie.

Zwar könnte man sich «lebende» Organismen wie etwa intelligente Computer vorstellen, die aus anderen Elementen, beispielsweise Silizium, bestehen, doch es ist zweifelhaft, dass sich Leben ohne das Vorhandensein von Kohlenstoff spontan hätte entwickeln können. Die Gründe dafür sind kompliziert, sie haben mit der besonderen Weise zu tun, in der sich Kohlenstoff mit anderen Elementen verbindet. Beispielsweise ist Kohlendioxid bei Raumtemperatur gasförmig und biologisch sehr nützlich. Da Silizium im Periodensystem das Element direkt unter Kohlenstoff ist, besitzt es ähnliche chemische Eigenschaften. Doch Siliziumdioxid, Quarz, ist in einer Steinsammlung weit nützlicher als in der Lunge eines Organismus. Trotzdem können sich vielleicht Lebensformen entwickeln, die sich die Bäuche mit Silizium vollschlagen und ihre Schwänze rhythmisch in Teichen mit flüssigem Ammoniak wirbeln lassen. Doch selbst diese Art exotischen Lebens könnte sich nicht einfach aus den Urelementen entwickeln, denn diese können nur zwei stabile Verbindungen bilden – Lithiumhydrid, einen farblosen kristallinen Festkörper, und Wasserstoffgas –, beides keine Verbindungen, die fähig sein dürften, sich fortzupflanzen oder auch nur zu verlieben. Außerdem bleibt die Tatsache, dass wir Lebensformen auf Kohlenstoffbasis sind, und das wirft die Frage auf, wie Kohlenstoff, dessen Kern sechs Protonen enthält, und die anderen schweren Elemente unseres Körpers entstanden sind.

Zum ersten Schritt kommt es, wenn sich in älteren Sternen Helium ansammelt, das entsteht, wenn zwei Wasserstoffkerne zusammenstoßen und miteinander verschmelzen. Diese Fusion erzeugt die Energie, die uns wärmt. Zwei Heliumatome können ihrerseits zusammenstoßen und Beryllium bilden, das vier Protonen enthält. Sobald das Beryllium hergestellt ist, könnte es im Prinzip mit einem dritten Heliumkern verschmelzen, um Kohlenstoff zu bilden. Doch das geschieht nicht, weil das entstandene Berylliumisotop fast augenblicklich wieder in zwei Heliumkerne zerfällt.

Ganz anders sieht die Lage aus, wenn einem Stern allmählich der Wasserstoff ausgeht. Dabei zieht sich der Kern des Sterns zusammen, bis seine Zentraltemperatur auf über 100 Millionen Grad Kelvin ansteigt. Unter diesen Bedingungen stoßen die Atomkerne so häufig zusammen, dass einige Berylliumkerne mit Heliumkernen kollidieren, bevor sie zerfallen können. So kann Beryllium mit Helium verschmelzen und ein stabiles Kohlenstoffisotop bilden. Doch dieser Kohlenstoff ist noch weit davon entfernt, in Form verschiedener Verbindungen geordnete Zusammenschlüsse jener Art zu bilden, die ein Glas Bordeaux zu schätzen wissen, mit bunten Keulen jonglieren oder Fragen über das Universum stellen. Damit sich Wesen wie die Menschen entwickeln können, muss der Kohlenstoff aus dem Inneren des Sterns in freundlichere Umgebungen transportiert werden. Das geschieht, wie gesagt, wenn der Stern am Ende seines Lebenszyklus als Supernova explodiert und dabei Kohlenstoff und andere schwere Elemente hinausschleudert, die später zu Planeten kondensieren können.

Dieser Vorgang der Kohlenstofferzeugung heißt Drei-Alpha-Prozess, weil Alphateilchen ein anderer Name für den Kern des beteiligten Heliumisotops ist und weil der Prozess darauf beruht, dass letztlich drei von ihnen miteinander verschmelzen. Laut der herkömmlichen Physik sollte die Rate der Kohlenstoffproduktion mittels des Drei-Alpha-Prozesses eigentlich sehr klein sein. Hoyle schloss daraus 1952, dass die Summe der Energien eines Beryllium- und eines Heliumkerns fast genau der Energie eines bestimmten Quantenzustands des bei diesem Prozess entstehenden Kohlenstoffisotops ent-

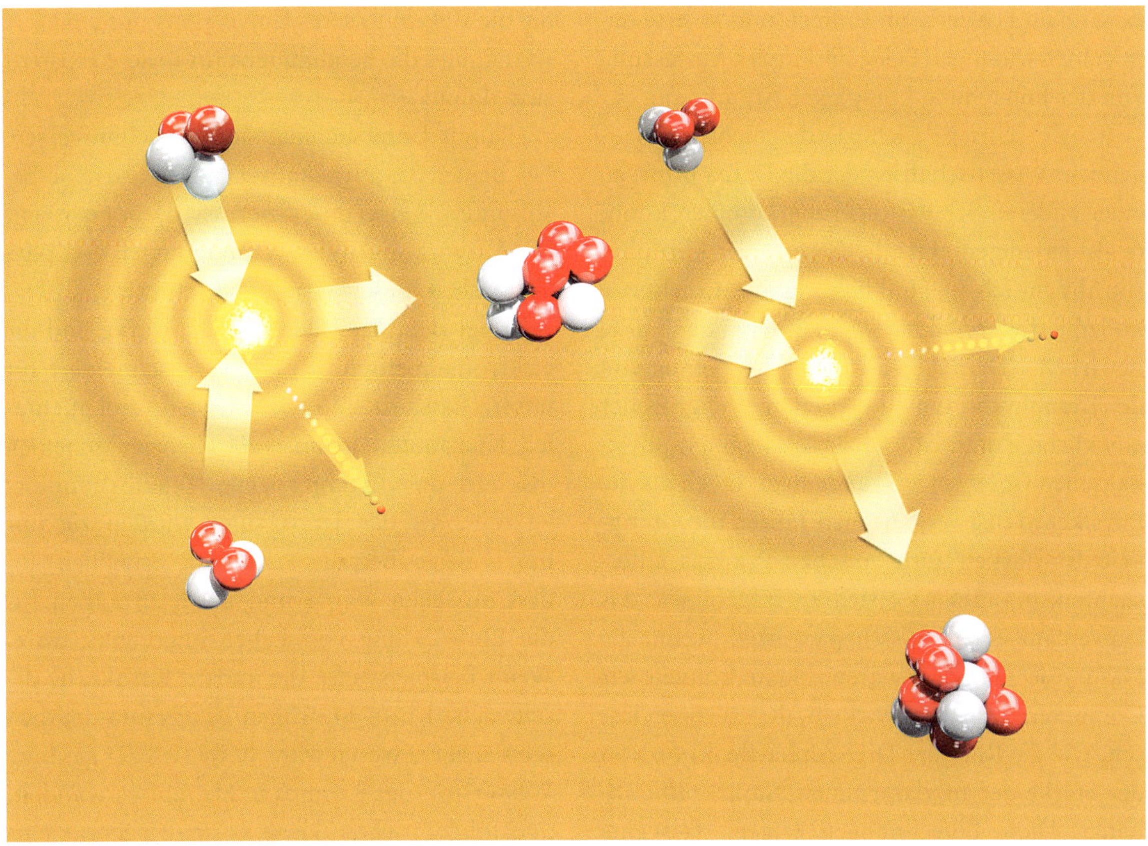

sprechen müsse – diese sogenannte Resonanz erhöht die Rate einer Kernreaktion ganz erheblich. Damals hatte man das betreffende Energieniveau noch nicht experimentell nachgewiesen, doch auf Hoyles Anregung hin suchte und fand

DREI-ALPHA-PROZESS – *Kohlenstoff entsteht im Inneren von Sternen durch den Zusammenstoß von drei Heliumkernen, ein Ereignis, das sehr unwahrscheinlich wäre, gäbe es da nicht eine besondere Eigenschaft der kernphysikalischen Gesetze.*

es William Fowler vom Caltech und lieferte damit einen wichtigen Beleg für Hoyles Auffassung von der Entstehung komplexer Atomkerne.

Hoyle schrieb: «Ich glaube nicht, dass irgendein Wissenschaftler, der die Daten prüft, zu einer anderen Schlussfolgerung kommen könnte als derjenigen, dass die Gesetze der Kernphysik absichtlich in Hinblick auf die Ergebnisse konzipiert wurden, die sie im Inneren der Sterne bewirken.» Damals wusste niemand genug von der Kernphysik, um zu begreifen, wie groß der glückliche Zufall ist, der diesen exakten physikalischen Gesetzen zugrunde liegt. Doch als die Physiker in den vergangenen Jahren die Gültigkeit des starken anthropischen Prinzips untersuchten, begannen sie sich zu fragen, wie das Universum wohl aussehen würde, wenn die Naturgesetze anders wären. Heute können wir Computermodelle entwickeln, die erkennen lassen, wie die Rate der Drei-Alpha-Reaktion von der Stärke der fundamentalen Naturkräfte abhängt. Diese Berechnungen zeigen, dass eine Veränderung der Stärke von lediglich 0,5 Prozent bei der starken Kernkraft oder von 4 Prozent bei der elektrischen Kraft entweder fast allen Kohlenstoff oder allen Sauerstoff in jedem Stern vernichten würde und damit die Möglichkeit von Leben, wie wir es kennen. Verändern Sie die Regeln unseres Universums nur ein klein wenig, und die Bedingungen für unsere Existenz sind dahin!

Durch Untersuchung der Modelluniversen, bei denen die physikalischen Theorien in bestimmter Weise modifiziert sind, können wir die Auswirkungen der Veränderungen von physikalischen Gesetzen methodisch erfassen. Dabei zeigt sich, dass nicht nur die starke und die elektromagnetische Kraft maßgeschneidert für unsere Existenz sind. Die meisten fundamentalen Konstanten in unseren Theorien scheinen insofern das Ergebnis einer Feinabstimmung zu sein, als das Universum, würden sie nur um winzige Beträge verändert, erheblich anders aussehen würde und in vielen Fällen für die Entwicklung von Leben ungeeignet wäre. Wenn beispielsweise die andere Kernkraft, die schwache Kraft, im frühen Universum deutlich schwächer gewesen wäre, hätte sich der gesamte Wasserstoff des Kosmos in Helium verwandelt, und folglich wären keine normalen Sterne entstanden; wäre sie erheblich stärker gewesen, würden explodierende Supernovae ihre äußeren Hüllen nicht wegsprengen und infolgedessen im interstellaren Raum nicht die schweren Elemente aussäen können, die Planeten brauchen, um günstige Bedingungen für die Entwicklung von

Leben zu bieten. Wären die Protonen 0,2 Prozent schwerer gewesen, so wären sie in Neutronen zerfallen, und wir hätten keine stabilen Atome. Wenn die Summe der Massen jener Sorten von Quarks, aus denen ein Proton besteht, auch nur um 10 Prozent vom tatsächlichen Wert abwiche, gäbe es weit weniger von den stabilen Atomkernen, aus denen wir bestehen; tatsächlich scheint die Summe der Quarkmassen weitgehend optimiert für die Entstehung der größten Zahl stabiler Kerne.

Wenn wir davon ausgehen, dass eine über einige hundert Millionen Jahre hinweg stabile Umlaufbahn erforderlich ist, damit sich planetenbasiertes Leben entwickeln kann, wird auch die Zahl der Raumdimensionen von unserer Existenz bestimmt, denn nach den Gravitationsgesetzen sind stabile elliptische Bahnen nur in drei Dimensionen möglich. Kreisförmige Bahnen sind auch in anderen Dimensionen denkbar, doch die sind, wie bereits Newton befürchtete, nicht stabil. Bei jeder anderen Dimensionszahl als drei genügt schon eine kleine Störung, wie sie etwa durch die Anziehungskraft weiterer Planeten bewirkt wird, um einen Planeten von seiner Kreisbahn abzubringen und ihn entweder spiralförmig in die Sonne oder von ihr fort trudeln zu lassen, sodass wir entweder verbrennen oder erfrieren würden. Außerdem würde in mehr als drei Dimensionen die zwischen zwei Körpern wirkende Gravitationskraft rascher abnehmen. In drei Dimensionen fällt die Gravitationskraft bei Verdoppelung der Entfernung auf 1/4 ihres Wertes. In vier Dimensionen würde sie bei Verdoppelung auf ein 1/8 fallen, in fünf Dimensionen auf 1/16 und so fort. Infolgedessen könnte sich in der Sonne in mehr als drei Dimensionen kein Gleichgewicht zwischen ihrem inneren Druck und der Gravitation einstellen, die sich bemüht, die Sonne in sich zusammenfallen zu lassen. Die Sonne würde entweder auseinanderfliegen oder zu einem Schwarzen Loch zusammenstürzen, und beides würde Ihnen den Tag verderben. Auf atomaren Größenskalen würden sich die elektrischen Kräfte genauso verhalten wie die Gravitationskräfte. Das heißt, die Elektronen würden entweder entweichen oder spiralförmig in den Kern kreiseln. In keinem dieser Fälle könnten Atome existieren, wie wir sie kennen.

Das Auftreten komplexer Strukturen, die als Basis für die Entwicklung intelligenter Beobachter dienen können, scheint sehr heikel zu sein. Die Naturgesetze bilden ein äußerst fein abgestimmtes System, daher lässt sich an den physikalischen Gesetzen nur sehr wenig ändern, ohne die Möglichkeit der Entstehung von Leben, wie wir es kennen, zu vernichten. Gäbe es nicht eine Reihe verblüffender Zufälle, die bis zu den Einzelheiten dieser Gesetze reichen, hätten sich Menschen und ähnliche Lebensformen wohl nie entwickelt.

Der eindrucksvollste Zufall in Sachen Feinabstimmung ist die sogenannte kosmologische Konstante in Einsteins Gleichungen der allgemeinen Relativitätstheorie. Wie erwähnt, glaubte Einstein, als er seine Theorie 1915 aufstellte, das Universum sei statisch, das heißt, es würde weder expandieren noch sich zusammenziehen. Da alle Materie andere Materie anzieht, führte er eine neue «Antigravitationskraft» in seine Theorie ein, die dem Bestreben des Universums, in sich zusammenzustürzen, entgegenwirkt. Diese Kraft stammt, im Gegensatz zu anderen Kräften, nicht aus einer bestimmten Quelle, sondern wohnt der Struktur der Raumzeit selbst inne. Die kosmologische Konstante gibt die Stärke dieser Kraft an.

Als man entdeckte, dass das Universum nicht statisch ist, entfernte Einstein die kosmologische Konstante aus seiner Theorie und nannte die Konstante die größte Eselei seines Lebens. Nun zeigte aber 1998 die Beobachtung sehr ferner Supernovae, dass sich die Expansionsbewegung des Universums beschleunigt, ein Effekt, der nur möglich ist, wenn irgendeine Abstoßungskraft im gesamten All wirkt. Die kosmologische Konstante war wiederauferstanden. Da wir heute wissen, dass ihr Wert nicht null ist, bleibt die Frage, warum sie den Wert hat, den sie hat. Physiker haben versucht zu erklären, wie sich dieser Wert infolge quantenmechanischer Effekte ergeben haben könnte, doch der Wert, den sie errechnet haben, ist um 120 Größenordnungen (eine Eins gefolgt von 120 Nullen) größer als der tatsächliche, auf Supernova-Beobachtungen basierende Wert. Daraus folgt, dass entweder die der Berechnung zugrundeliegende Überlegung falsch war oder dass es irgendeinen anderen Effekt gibt, der alles bis auf einen unvorstellbar winzigen Bruchteil der berechneten Zahl aufhebt. Eines aber steht fest: Wäre der Wert der kosmologischen Konstante sehr viel größer gewesen, als er ist, wäre unser Universum auseinandergeflogen, bevor sich die Galaxien hätten bilden können – und Leben, wie wir es kennen, wäre wiederum unmöglich gewesen.

Was können wir aus diesen Zufällen machen? Glück in Hinblick auf die genaue Form und Beschaffenheit der fundamentalen physikalischen Gesetze ist ein Glück anderer Art, als es für die Umweltfaktoren gilt. Es lässt sich nicht so leicht erklären und hat viel tiefere physikalische und philosophische Bedeutungen. Unser Universum und seine Gesetze scheinen exakt auf die Möglichkeit unserer Existenz zugeschnitten zu sein und bieten kaum Spielraum für Veränderungen, wenn diese Möglichkeit nicht gefährdet werden soll. Das lässt sich nicht leicht erklären und wirft natürlich die Frage auf, warum es sich so verhält.

Viele Menschen würden diese Zufälle gern als Beweis für das Wirken Gottes werten. Die Vorstellung, das Universum sei für die Menschheit geplant und geschaffen worden, finden wir heute wie vor vielen tausend Jahren in vielen Religionen und Mythologien. In dem Maya-Text *Popol Vuh*, einer Sammlung mythohistorischer Erzählungen, verkünden die Götter: «Wir werden weder Ruhm noch Ehre ernten für all das, was wir geschaffen und gebildet haben, bis es Menschen mit einem fühlenden Wesen gibt.» In einem typischen ägyptischen Text, der um 2000 v. Chr. entstand, heißt es: «Für die Menschen, das Vieh Gottes, war gut gesorgt. Er [der Sonnengott] schuf Himmel und Erde zu ihrem Wohle.» In China lässt der Tao-Philosoph Liezi um 400 v. Chr. diesen Gedanken durch die Figur einer Erzählung aussprechen: «Vor allem zu unserem Nutzen lässt der Himmel die fünf Getreidearten wachsen und das Volk der Fische und Vögel entstehen.»

In der abendländischen Kultur enthält das Alte Testament die Vorstellung von der göttlichen Planung in Form seiner Schöpfungsgeschichte, wobei allerdings der traditionelle christliche Standpunkt erheblich von Aristoteles beeinflusst war, der glaubte: «In der klug eingerichteten Natur vollzieht sich alles nach einem vorbedachten Plan.» Der mittelalterliche christliche Theologe Thomas von Aquin entwickelte aus den aristotelischen Überlegungen zur Ordnung in der Natur einen Gottesbeweis. Im 18. Jahrhundert ging ein anderer christlicher Theologe so weit zu behaupten, die Kaninchen hätten weiße Schwänze, damit wir sie besser schießen können. Eine moderne Fassung der christlichen Auffassung lieferte vor einigen Jahren Christoph Schönborn, Erzbischof von Wien, als er schrieb: «Jetzt, am Beginn des 21. Jahrhunderts, wird die katholische Kirche angesichts von wissenschaftlichen Ansprüchen wie dem Neo-Darwinismus und der ‹Multiversum-Hypothese› in der Kosmologie (die aufgestellt wurden, um dem überwältigenden Beweis für Zweck und Plan auszuweichen, der in der modernen Wissenschaft zu finden ist) neuerlich die menschliche Vernunft verteidigen und verkünden, dass der in der Natur offensichtlich vorhandene immanente Plan wirklich ist.» In der Kosmologie ist der überwältigende Beweis für Zweck und Plan, von dem der Kardinal spricht, die oben beschriebene Feinabstimmung der physikalischen Gesetze.

Der Wendepunkt für die wissenschaftliche Ablehnung eines Universums, in dessen Mittelpunkt der Mensch steht, war das kopernikanische Modell des Sonnensystems, in dem die Erde nicht mehr die zentrale Position innehatte. Ironischerweise war das eigene Weltbild des Kopernikus äußerst anthropomorph, tröstet er uns doch durch den Hinweis, dass sich die Erde ungeachtet seines heliozentrischen Modells *fast* im Mittelpunkt des Universums befinde: «Obschon [die Erde] nicht den Mittelpunkt der Welt bildet, ist die Entfernung [von diesem Mittelpunkt] ohne Belang verglichen mit derjenigen der Fixsterne.» Mit der Erfindung des Teleskops trugen im siebzehnten Jahrhundert Beobachtungen wie die, dass wir nicht den einzigen Planeten bewohnen, der von einem Mond umkreist wird, zur Glaubwürdigkeit des Prinzips bei, nach dem wir keine privilegierte Stellung im Universum innehaben. Je mehr wir in den folgenden Jahrhunderten über das Universum in Erfahrung brachten, desto deutlicher schien zu werden, dass wir vermutlich nur einen Feld-Wald-und-Wiesen-Planeten bewohnen. Doch die relativ neue Entdeckung der außerordentlichen Feinabstimmung so vieler Naturgesetze könnte wohl zumindest einige von uns dazu veranlassen, wieder mit der alten Vorstellung zu liebäugeln, dieser große Entwurf sei das Werk eines großen Planers. In den Vereinigten Staaten, wo die Verfassung den Religionsunterricht in Schulen verbietet, nannte man diesen Gedanken *Intelligent Design* («Intelligenter Entwurf»), mit dem stillschweigenden Verständnis, dass es sich beim Urheber dieses Entwurfs um Gott handele.

Die Antwort der modernen Naturwissenschaft sieht anders aus. Wir haben in Kapitel 5 gesehen, dass unser Universum offenbar eines von vielen ist, in denen die verschiedensten Naturgesetze gelten. Dieses Multiversum-Konzept ist nicht etwa entwickelt worden, um das Wunder der Feinabstimmung zu erklären. Es ist vielmehr eine Konsequenz der Kein-Rand-Bedingung sowie vieler anderer moderner kosmologischer Theorien. Doch wenn diese Hypothese richtig ist, reduziert sie das starke anthropische Prinzip auf das schwache, indem sie die Feinabstimmungen der physikalischen Gesetze auf die gleiche Ebene wie die Umweltfaktoren stellt, denn sie bedeutet, dass unser kosmisches Habitat – in diesem Zusammenhang: das ganze beobachtbare Universum – nur eines von vielen ist, genau wie unser Sonnensystem nur eines von vielen ist. Wie die Bedeutung der umweltbedingten Zufälle unseres Sonnensystems durch die Erkenntnis eingeschränkt wurde, dass es Milliarden solcher Systeme gibt, so lassen sich die Feinabstimmungen der Naturgesetze durch die Existenz vieler Universen erklären. Im Laufe der Jahrhunderte haben die Menschen die Schönheit und Komplexität der Natur, für die sie zu ihrer Zeit keine Erklärung hatten, Gott zugeschrieben. Doch so wie Darwin und Wallace erklärten, dass der scheinbar wundersame Entwurf der Lebensformen ohne Intervention eines höchsten Wesens entstanden sein könnte, vermag das Multiversum-Konzept die Feinabstimmung der physikalischen Gesetze zu erklären, ohne einen gütigen Schöpfer bemühen zu müssen, der das Universum zu unserem Nutzen erschuf.

Einst stellte Einstein seinem Assistenten Ernst Strauß die Frage: «Hatte Gott eine Wahl, als er unser Universum erschuf?» Ende des sechzehnten Jahrhunderts glaubte Kepler, Gott habe das Universum im Einklang mit einem vollkommenen mathematischen Prinzip geschaffen. Newton zeigte, dass dieselben Gesetze, die am Himmel gelten, auch auf der Erde Anwendung finden, und entwickelte zur Darstellung dieser Gesetze mathematische Gleichungen, die so elegant waren, dass sie eine fast religiöse Begeisterung unter vielen Wissenschaftlern des achtzehnten Jahrhunderts auslösten, die offenbar beweisen wollten, dass Gott ein Mathematiker war.

Seit Newton und vor allem seit Einstein war es das erklärte Ziel der Physik, einfache mathematische Prinzipien der von Kepler erträumten Art zu suchen und mit ihnen eine vereinheitlichte «Theorie von Allem» zu finden, die alle Einzelheiten der in der Natur beobachteten Materie und Kräfte erklärte. Ende des neunzehnten und Anfang des zwanzigsten Jahrhunderts vereinigten Maxwell und Einstein die Theorien der Elektrizität, des Magnetismus und des Lichts. In den siebziger Jahren wurde das Standardmodell entwickelt – eine einzige Theorie der starken, der schwachen und der elektromagnetischen Kraft. Stringtheorie und M-Theorie kamen hinzu als Versuch, die noch verbliebene Kraft, die Gravitation, einzubeziehen. Es ging nicht nur darum, eine einzige Theorie zu finden, die alle Kräfte erklärt, sondern die Theorie sollte auch die oben erwähnten fundamentalen

Zahlen erklären – zum Beispiel die Stärken der Kräfte und die Massen und Ladungen der Elementarteilchen. Man hoffte, so schrieb Einstein, sagen zu können: «... die Natur ist so gebaut, dass es logisch möglich ist, so stark festgelegte Gesetze aufzustellen, dass in diesen nur rational vollständig bestimmte Konstanten vorkommen». Also keine Konstanten, so fuhr er fort, deren Zahlenwert sich verändern lasse, ohne die Theorie zu zerstören. Eine vereinheitlichte Theorie hätte wahrscheinlich nicht die Feinabstimmung, die für unsere Existenz erforderlich ist.

Doch wenn wir im Licht neuester Erkenntnisse Einsteins Traum von einer vereinheitlichten Theorie dahingehend deuten, dass es sich um eine vereinheitlichte Theorie handelt, die diese und andere Universen mit ihrem ganzen Spektrum an verschiedenen Gesetzen erklärt, dann könnte die M-Theorie diese Theorie sein. Doch ist die M-Theorie vereinheitlicht oder durch ein einfaches logisches Prinzip bestimmt? Können wir die Frage *Warum die M-Theorie* beantworten?

KAPITEL 8

DER GROSSE ENTWURF

WIR HABEN IN DIESEM BUCH geschildert, warum Regelmäßigkeiten in der Bewegung astronomischer Körper wie Sonne, Mond und Planeten vermuten lassen, dass diese Objekte bestimmten Gesetzen und nicht der Willkür und Laune von Göttern und Dämonen unterworfen sind.

Zuerst zeigte sich die Existenz solcher Gesetze nur in der Astronomie (oder Astrologie, die man damals von dieser nicht weiter unterschied). Das Verhalten der Dinge auf der Erde ist sehr kompliziert und vielen Einflüssen unterworfen, daher konnten frühe Kulturen nicht erkennen, dass diese Phänomene von eindeutigen Gesetzen bestimmt wurden. Doch allmählich entdeckte man auch auf anderen Gebieten als der Astronomie neue Gesetze, und das führte zum Begriff des wissenschaftlichen Determinismus: Es muss einen vollständigen Satz Naturgesetze geben, die angeben, wie sich das Universum in der Zukunft entwickelt, wenn sein Zustand zu einem bestimmten Zeitpunkt bekannt ist. Diese Gesetze müssen an jedem Ort und zu jeder Zeit gültig sein, denn sonst wären sie keine Gesetze. Es durfte keine Ausnahmen oder Wunder geben. Götter oder Dämonen konnten in den Gang des Universums nicht eingreifen.

Als der wissenschaftliche Determinismus erstmals vorgeschlagen wurde, waren nur Newtons Bewegungs- und Gravitationsgesetze bekannt. Wir haben geschildert, wie diese Gesetze von Einstein in seiner allgemeinen Relativitätstheorie erweitert wurden und wie weitere Gesetze entdeckt wurden, die andere Aspekte des Universums regieren.

Die Naturgesetze sagen uns, *wie* sich das Universum verhält, aber sie antworten nicht auf die *Warum*-Fragen, die wir am Anfang dieses Buchs gestellt haben:

- *Warum gibt es etwas und nicht einfach nichts?*
- *Warum existieren wir?*
- *Warum dieses besondere System von Gesetzen und nicht irgendein anderes?*

Manch einer dürfte auf diese Fragen wohl antworten, ein Gott habe beschlossen, das Universum dergestalt zu erschaffen. Es ist vernünftig zu fragen, wer oder was das Universum geschaffen hat, doch wenn die Antwort «Gott» lautet, wird die Frage lediglich verschoben zu jener, wer Gott geschaffen hat. Indes gilt in dieser Sichtweise als akzeptiert, dass es eine Instanz gibt, die keinen Schöpfer braucht, und die

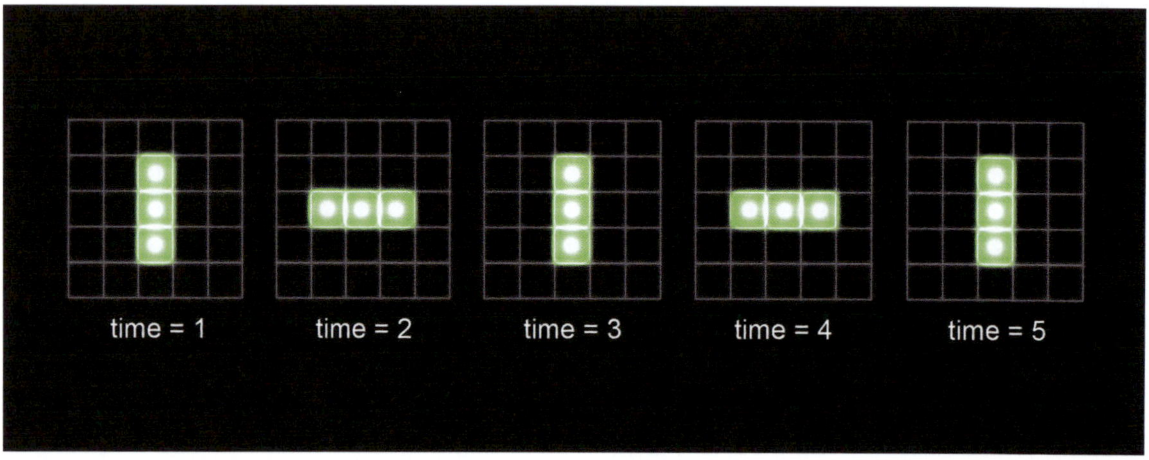

BLINKER – *Blinker sind zusammengesetzte Objekte einfacher Art im Spiel des Lebens.* (time = 1 meint: Zeit = 1 usw.)

heißt Gott. Dieses Argument wird als das der ersten Ursache oder als kausaler Gottesbeweis bezeichnet.

Wir behaupten jedoch, dass es möglich ist, diese Fragen ausschließlich in den Grenzen der Naturwissenschaft und ohne Rekurs auf göttliche Wesen zu beantworten.

Nach dem Prinzip des in Kapitel 3 eingeführten modellabhängigen Realismus interpretieren unsere Gehirne die von unseren Sinnesorganen gelieferten Signale, indem sie ein Modell der Außenwelt anfertigen. Wir bilden mentale Konzepte von allen möglichen Dingen – unserem Haus, Bäumen, anderen Menschen, dem elektrischem Strom, der aus der Wandsteckdose kommt, Atomen, Molekülen und anderen Universen. Diese Konzepte sind die einzige Wirklichkeit, die wir erkennen können. Es gibt keinen modellunabhängigen Test der Wirklichkeit. Daraus folgt, dass ein gut konstruiertes Modell eine eigene Realität schafft. Ein Beispiel, das uns bei der Auseinandersetzung mit den Fragen nach der Wirklichkeit und nach der Schöpfung helfen kann, ist das *Spiel des Lebens*, das 1970 von dem jungen Mathematiker John Conway in Cambridge entwickelt wurde.

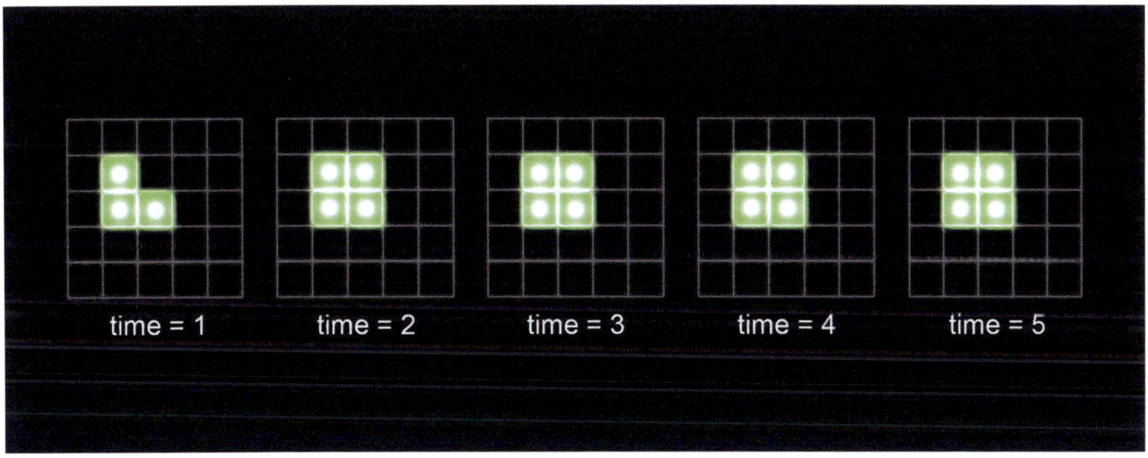

EVOLUTION ZUM STILLLEBEN – *Einige zusammengesetzte Objekte im Spiel des Lebens entwickeln sich zu einer Form, die sich nach Maßgabe der Regeln nie ändern wird.*

Das Wort «Spiel» in *Spiel des Lebens* ist eine irreführende Bezeichnung. Es gibt keine Gewinner und Verlierer, noch nicht einmal Spieler. Es ist auch eigentlich kein Spiel, sondern ein Satz von Gesetzen, die ein zweidimensionales Universum regieren. Es handelt sich dabei um ein deterministisches Universum: Sobald man eine Ausgangskonfiguration oder Anfangsbedingung gewählt hat, legen die Gesetze eindeutig fest, was in Zukunft geschieht.

Die Welt, die Conway entworfen hat, besteht aus einer schachbrettartigen Anordnung von Quadraten, die sich unendlich in alle Richtungen erstreckt. Jedes Quadrat kann einen von zwei Zuständen annehmen: lebendig – auf unseren Abbildungen grün dargestellt – oder tot – schwarz dargestellt. Jedes Quadrat hat acht Nachbarn: den oberen, unteren, linken, rechten und vier diagonale Nachbarn. In dieser Welt ist die Zeit nicht kontinuierlich, sondern schreitet in diskreten Schritten voran.

Bei einer beliebigen Anordnung von toten und lebendigen Quadraten bestimmt die Zahl lebendiger Nachbarn, was gemäß folgenden Regeln als Nächstes geschieht:

1. *Ein lebendiges Quadrat mit zwei oder drei lebendigen Nachbarn überlebt (Überleben).*
2. *Ein totes Quadrat mit genau drei lebendigen Nachbarn wird eine lebendige Zelle (Geburt).*
3. *In allen anderen Fällen stirbt eine Zelle oder bleibt tot. Falls ein lebendiges Quadrat null oder einen Nachbarn hat, sagt man, es stirbt an Einsamkeit; hat es mehr als drei Nachbarn, stirbt es an Überbevölkerung.*

Das ist alles: Je nach Anfangsbedingung erzeugen diese Gesetze eine Generation nach der anderen. Ein isoliertes lebendiges Quadrat oder zwei benachbarte lebendige Quadrate sterben in der nächsten Generation, weil sie nicht genug Nachbarn haben. Drei lebendige Quadrate entlang einer Diagonale leben etwas länger. Nach dem ersten Zeitschritt sterben die Endquadrate, sodass nur noch das Mittelquadrat übrig bleibt, das in der folgenden Generation stirbt. Jede endlich lange Diagonale von Quadraten «verflüchtigt» sich auf genau dieselbe Weise. Doch wenn drei lebendige Quadrate waagerecht in einer Zeile angeordnet sind, hat wiederum das mittlere Quadrat zwei Nachbarn, während die Endquadrate sterben, doch in diesem Fall erleben die Zellen unmittelbar über und unter der Mittelzelle eine Geburt. Deshalb verwandelt sich die Zeile in eine Spalte. Entsprechend verwandelt sich in der nächsten Generation die Spalte wieder in eine Zeile und so fort. Solche oszillierenden Konfigurationen heißen «Blinker».

Wenn drei lebendige Quadrate in L-Form angeordnet werden, zeigt sich ein neues Verhalten. In der nächsten Generation gebiert das vom L umarmte Quadrat, wodurch ein Block von 2 × 2 Zellen entsteht. Der Block gehört zu einer Musterart, die als «Stillleben» bezeichnet wird, weil er unverändert von einer Generation an die nächste weitergegeben wird. Es gibt viele Arten von Mustern, die sich einige Generationen lang verändern, dann aber bald zu Stillleben werden, die sterben oder die zu ihrer ursprünglichen Form zurückkehren und dann den Prozess wiederholen. Es gibt auch Muster, die «Gleiter» heißen, weil sie andere Formen annehmen, aber nach einigen Generationen zu ihrer ursprünglichen Form zurückkehren, wobei sich ihre Position allerdings um ein Quadrat diagonal verschoben hat. Wenn man sie längere Zeit beobachtet, scheinen sie über das Gitternetz zu kriechen. Bei einem Zusammenstoß von Gleitern kann es, je nach der Form der einzelnen Gleiter im Augenblick der Kollision, zu seltsamem Verhalten kommen.

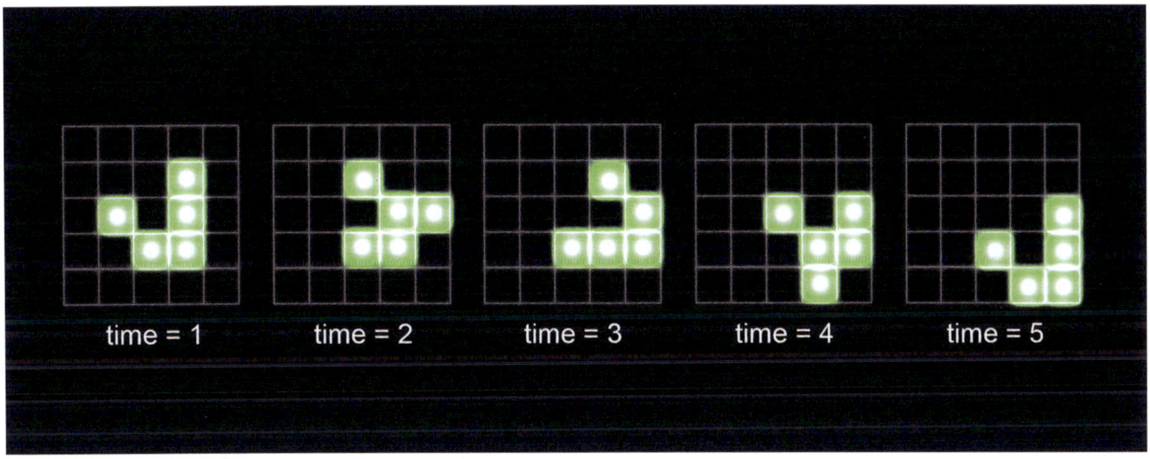

GLEITER – *Gleiter nehmen diese Zwischenformen an, um schließlich wieder zu ihrer ursprünglichen Gestalt zurückzukehren, allerdings um ein Quadrat in der Diagonale versetzt.*

Dieses Universum ist so interessant, weil seine grundlegende «Physik» zwar einfach ist, die «Chemie» aber kompliziert. Zusammengesetzte Objekte existieren in diesem Universum auf verschiedenen Größenebenen. Auf der niedrigsten Ebene teilt uns die Physik nur mit, dass es lebendige und tote Quadrate gibt. Auf einer höheren Ebene gibt es Gleiter, Blinker und «Stillleben-Blöcke». Auf einer Ebene darüber gibt es noch komplexere Objekte, beispielsweise «Gleiterkanonen»: stationäre Muster, die periodisch neue Gleiter gebären, welche gleichsam das Nest verlassen und sich in diagonaler Richtung ausbreiten. Wenn Sie irgendeine dieser Größenebenen eine Zeitlang betrachten, können Sie Gesetze ableiten, die das Verhalten der Objekte auf dieser Ebene bestimmen. Beispielsweise können Sie auf der Ebene von Objekten mit einem Durchmesser von nur wenigen Quadraten Gesetze haben wie «Blöcke bewegen sich nie», «Gleiter bewegen sich diagonal» und verschiedene Gesetze für die Ereignisse bei Zusammenstößen von Objekten. Sie könnten eine ganze Physik auf der Ebene zusammengesetzter Objekte entwickeln. Die Gesetze würden Phänomene und Begriffe enthalten, die in den ursprünglichen Gesetzen nicht vorkommen. Etwa Begriffe wie «zusammenstoßen» oder «bewegen», die lediglich das Leben und den Tod einzelner ruhender Quadrate beschreiben. Wie in unserem Universum hängt im Spiel des Lebens Ihre Wirklichkeit von dem Modell ab, das Sie verwenden.

Conway und seine Studenten schufen diese Welt, weil sie wissen wollten, ob ein Universum mit Gesetzen, die so einfach wie die von ihnen festgelegten waren, Objekte enthalten kann, die komplex genug sind, um sich fortzupflanzen. Gibt es in der Lebenswelt zusammengesetzte Objekte, die andere ihrer Art hervorbringen, nachdem sie den Gesetzen dieser Welt nur einige Generationen lang gefolgt sind? Conways Gruppe konnte nicht nur beweisen, dass das möglich ist, sie zeigte sogar, dass ein solches Objekt in gewisser Weise intelligent ist!

Was meinen wir damit? Um genau zu sein, beweisen sie, dass die riesigen selbstreplizierenden Zusammenschlüsse von Quadraten «universelle Turingmaschinen» sind. In unserem Zusammenhang heißt das: Für jede Rechnung, die ein Computer in unserer realen Welt grundsätzlich ausführen kann, kann man im Spiel des Lebens eine Anordnung von lebendigen Quadraten konstruieren, die die gleiche Rechnung ausführen kann – wird sie mit einem entsprechenden Input gefüttert, das heißt in eine entsprechende Lebenswelt-Umgebung gesetzt, dann kann man daran, wie sie sich über die nächsten Generationen entwickelt hat, das Ergebnis der betreffenden Computerrechnung ablesen.

Um einen Eindruck von diesen Vorgängen zu gewinnen, wollen wir betrachten, was geschieht, wenn Gleiter auf einen einfachen Block von 2 × 2 lebendigen Quadraten geschossen werden. Wenn die Gleiter sich auf genau die richtige Weise nähern, bewegt sich der Block, der vorher stationär war, entweder ein paar Quadrate auf die Gleiterquelle zu oder von ihr fort.

Auf diese Weise kann der Block einen Computerspeicher simulieren. Tatsächlich lassen sich alle Grundfunktionen eines modernen Rechners, etwa UND- und ODER-Gatter, ebenfalls aus Gleitern nachbilden. Auf diese Weise können mit Gleiterströmen Informationen gesendet und verarbeitet werden. Wie in unserer Welt sind diese selbstreproduzierenden Muster komplexe Objekte. Eine Schätzung, die sich auf vorangehende Arbeiten des Mathematikers John von Neumann stützt, setzt die Minimalgröße eines selbstreplizierenden Musters im Spiel des Lebens mit zehn Billionen Quadraten an – das

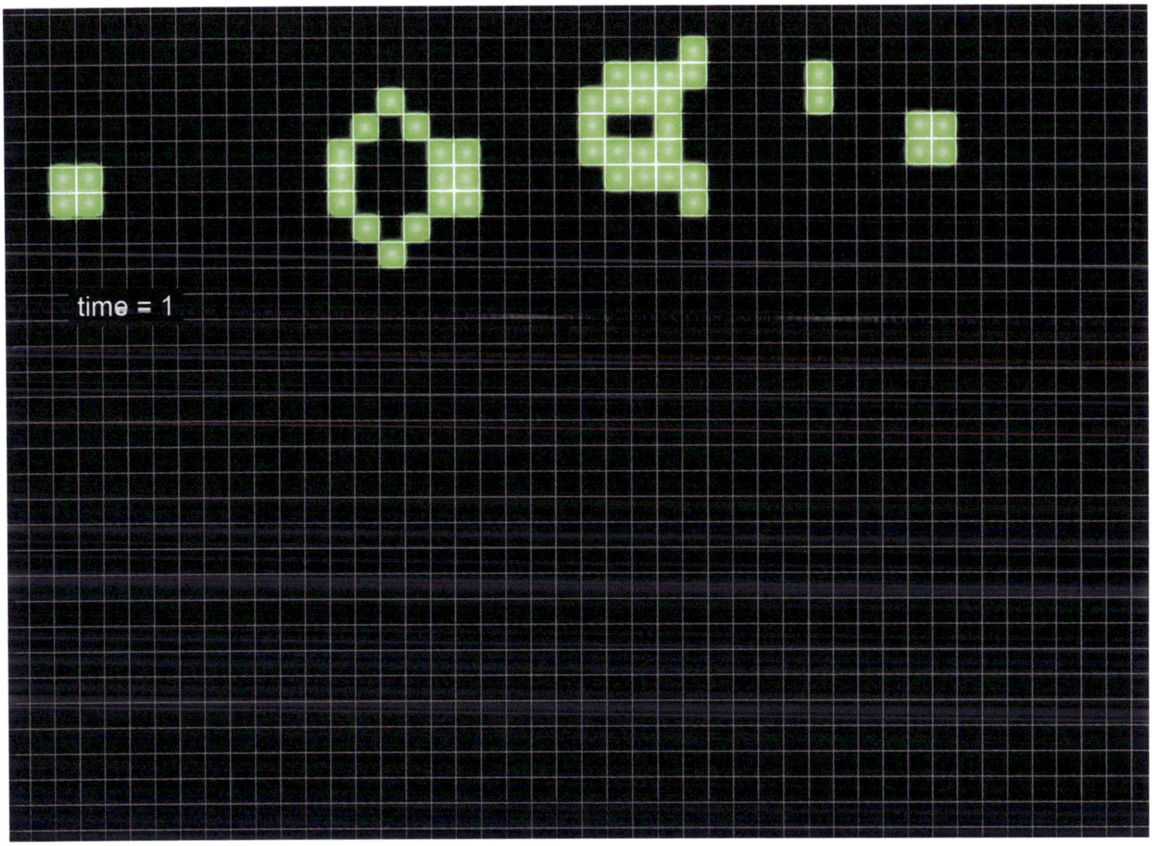

ANFANGSKONFIGURATION DER GLEITERKANONE – *Die Gleiterkanone ist rund zehn Mal so groß wie der Gleiter.*

entspricht ungefähr der Zahl der Moleküle in einer einzigen menschlichen Zelle.

Man kann Lebewesen als komplexe Systeme von begrenzter Größe definieren, die stabil sind und sich fortpflanzen. Die oben beschriebenen

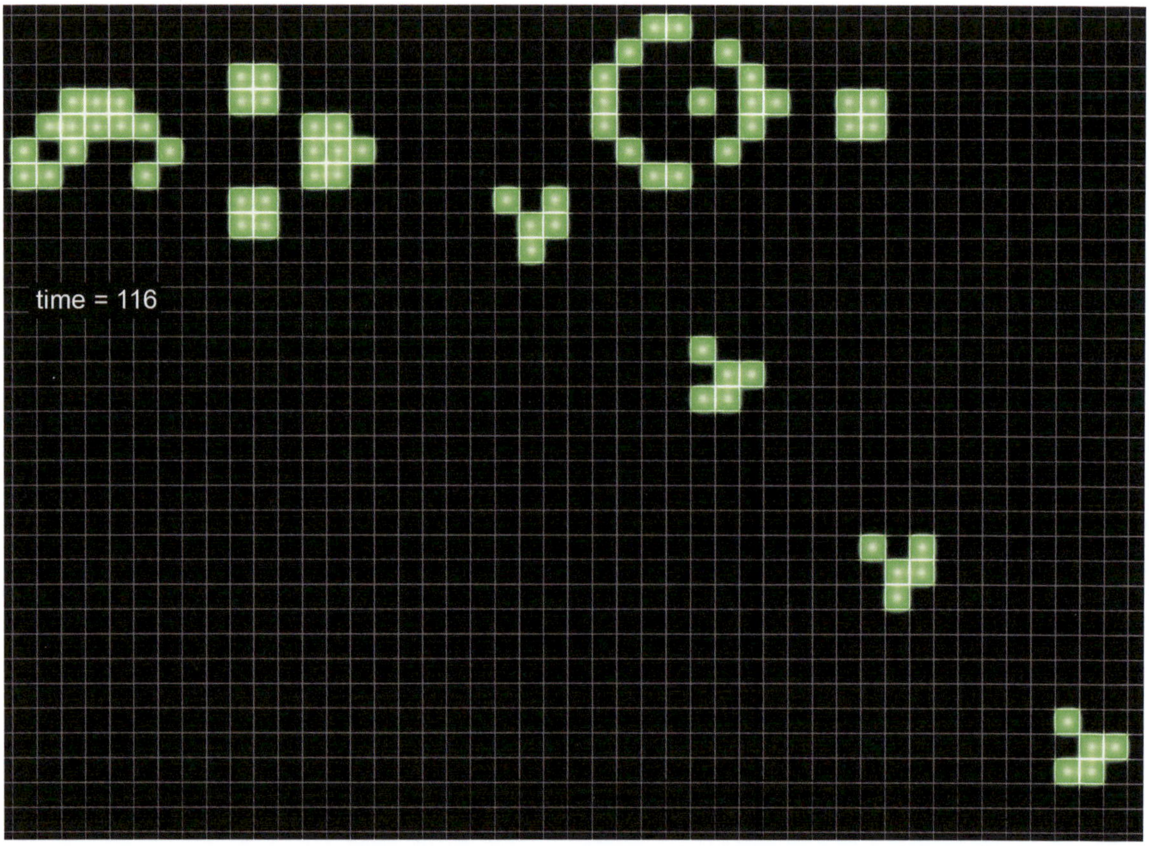

DIE GLEITERKANONE NACH 116 GENERATIONEN – *Im Laufe der Zeit verändert die Gleiterkanone ihre Form, emittiert einen Gleiter und kehrt zu ihrer ursprünglichen Form und Position zurück, um diesen Prozess dann endlos fortzusetzen.*

Objekte erfüllen die Reproduktionsbedingung, sind aber wohl nicht stabil: Vermutlich würde eine kleine Störung von außen den empfindlichen Mechanismus ruinieren. Doch man kann sich leicht vorstellen, dass etwas komplexere

Gesetze auch komplexere Systeme mit allen Eigenschaften des Lebens ermöglichen. Stellen Sie sich ein Gebilde dieser Art vor, ein Objekt in einer Conway-Welt. Ein solches Objekt würde auf Umweltreize reagieren und daher auch den Anschein erwecken, Entscheidungen zu fällen. Würde solches Leben sich seiner selbst bewusst sein; würde es Ich-Bewusstsein besitzen? An dieser Frage scheiden sich die Geister. Einige behaupten, dass Ich-Bewusstsein eine Besonderheit des Menschen sei. Es sei die Basis des freien Willens, der Fähigkeit, zwischen verschiedenen Handlungen zu wählen.

Wie können wir entscheiden, ob ein Wesen einen freien Willen besitzt? Wie können wir entscheiden, ob wir es mit einem Roboter oder einem intelligenten Geschöpf zu tun haben, wenn wir einem Außerirdischen begegneten? Das Verhalten eines Roboters wäre, anders als das eines Wesens mit freiem Willen, vollkommen determiniert. Folglich könnten wir einen Roboter im Prinzip daran erkennen, dass sich seine Handlungen vorhersagen lassen. Wie in Kapitel 2 dargelegt, könnte das indessen so gut wie unmöglich sein, wenn das Wesen groß und komplex ist. Wir können noch nicht einmal die Gleichung für drei oder mehr miteinander wechselwirkende Teilchen exakt lösen. Da ein Außerirdischer von der Größe eines Menschen – auch wenn er ein Roboter wäre – rund tausend Billionen Billionen Teilchen enthielte, könnten wir die Gleichungen unter keinen Umständen lösen und vorhersagen, was er tun würde. Deshalb müssen wir sagen, dass jedes komplexe Wesen einen freien Willen hat, womit wir keine fundamentale Eigenschaft postulieren, sondern eine praktische Theorie formulieren, mit der wir eingestehen, dass wir die zu Vorhersagen seiner Handlungen erforderlichen Rechnungen nicht durchführen können.

Das Beispiel von Conways Spiel des Lebens zeigt, dass selbst ein sehr einfacher Satz von Gesetzen ähnlich komplexe Eigenschaften hervorrufen kann, wie sie intelligentes Leben aufweist. Es muss viele Sätze von Gesetzen mit diesen Eigenschaften geben. Was wählt die fundamentalen Gesetze aus, die unser Universum regieren? Wie in Conways Universum bestimmen die Gesetze unseres Universums die Evolution des Systems, wenn der Zustand zu irgendeinem Zeitpunkt gegeben ist. In Conways Welt sind wir die Schöpfer – wir wählen den Anfangszustand des Universums, indem wir am Anfang des Spiels die Objekte und ihre Positionen angeben.

In einem realen Universum sind die Pendants von Objekten wie Gleitern isolierte Materiekörper. Jeder Satz Gesetze, der eine kontinuierliche Welt wie die unsere beschreibt, besitzt einen Energiebegriff. Dabei ist die Energie eine Erhaltungsgröße, das heißt eine Größe, deren Wert sich nicht mit der Zeit verändert. Die Energie des leeren Raums ist eine Konstante, unabhängig von Zeit und Ort. Wir können diese konstante Vakuumenergie herausrechnen, indem wir die Energie eines beliebigen Raumvolumens relativ zur Energie des gleichen Volumens leeren Raums messen; das entspricht der Freiheit, für diese Konstante den Wert null zu wählen. Eine Bedingung muss jedes Naturgesetz erfüllen: Es muss angeben, dass die Energie eines von leerem Raum umgebenen, isolierten Körpers positiv ist, das heißt, man muss Arbeit leisten, um den Körper zusammenzusetzen. Wäre nämlich die Energie eines isolierten Körpers negativ, könnte er in einem Zustand der Bewegung geschaffen werden, sodass seine negative Energie exakt durch die auf seine Bewegung zurückgehende positive Energie aufgewogen würde. In diesem Fall gäbe es keinen Grund, dass Körper nicht überall und nirgends erscheinen könnten. Daher wäre der leere Raum instabil. Doch wenn es Energie kostet, einen isolierten Körper zu erschaffen, kann diese Instabilität nicht auftreten, weil die Energie des Universums, wie gesagt, immer konstant bleiben muss. Das ist erforderlich, um das Universum lokal stabil zu machen – es so zu machen, dass Dinge nicht einfach aus dem Nichts erscheinen können.

Wenn die Gesamtenergie des Universums immer null bleiben muss und es Energie kostet, einen Körper zu erschaffen, wie kann dann ein ganzes Universum aus dem Nichts hervorgebracht werden? Hier liegt der Grund, warum es eine Naturkraft wie die Gravitation geben muss. Da die Gravitation anziehend wirkt, ist Gravitationsenergie negativ: Wir müssen Arbeit leisten, um ein gravitativ gebundenes System wie die Erde und den Mond zu trennen. Diese negative Energie kann die zur Erzeugung von Materie erforderliche positive Energie aufwiegen, doch ganz so einfach ist die Sache nicht. Die negative Gravitationsenergie der Erde beträgt weniger als ein Milliardstel der positiven Energie der Materieteilchen, aus denen die Erde besteht. Ein Körper wie ein Stern besitzt mehr negative Gravitationsenergie, und je kleiner er ist und je näher seine verschiedenen Teile beieinander sind, desto größer wird diese negative Gravitationsenergie sein. Doch bevor sie größer als die positive Energie der Materie werden kann, stürzt der Stern zu einem Schwarzen Loch zusammen, und Schwarze Löcher haben positive Energie. Deshalb ist der leere Raum stabil. Körper wie Sterne oder Schwarze Löcher können nicht einfach aus dem Nichts erscheinen. Ein ganzes Universum aber schon.

Da die Gravitation Raum und Zeit formt, ermöglicht sie der Raumzeit, lokal stabil, aber global instabil zu sein. Auf der Größenebene des ganzen Universums *kann* die positive Energie der Materie durch negative Gravitationsenergie aufgewogen werden, und daher gibt es keine Beschränkung für die Erzeugung ganzer Universen. Da es ein Gesetz wie das der Gravitation gibt, kann und wird sich das Universum auf die in Kapitel 6 beschriebene Weise aus dem Nichts erzeugen. Spontane Erzeugung ist der Grund, warum etwas ist und nicht einfach nichts, warum es das Universum gibt, warum es uns gibt. Es ist nicht nötig, Gott als den ersten Beweger zu bemühen, der das Licht entzündet und das Universum in Gang gesetzt hat.

Warum sind die fundamentalen Gesetze so, wie wir sie beschrieben haben? Die letztgültige Theorie des Universums muss konsistent sein und endliche Werte für die Größen vorhersagen, die wir messen können. Wir haben gesehen, dass es ein Gesetz wie das der Gravitation geben muss, und in Kapitel 5 erfahren, dass eine Gravitationstheorie endliche Größen nur vorhersagen kann, wenn sie eine sogenannte Supersymmetrie zwischen den Naturkräften und der Materie aufweist, auf die sie einwirken. Die M-Theorie ist die allgemeinste supersymmetrische Gravitationstheorie. Aus diesen Gründen ist die M-Theorie der *einzige* Kandidat für eine vollständige Theorie des Universums. Wenn sie endlich ist – und das gilt es noch zu beweisen –, dann ist sie das Modell eines Universums, das sich selbst erschafft. Wir müssen ein Teil dieses Universums sein, weil es kein anderes konsistentes Modell gibt.

Die M-Theorie ist die vereinheitlichte Theorie, die Einstein zu finden hoffte. Die Tatsache, dass wir – Menschen, die wir selbst nur eine Ansammlung fundamentaler Naturteilchen sind – dem Verständnis der Gesetze, die uns und unser Universum regieren, so nahe gekommen sind, ist ein großer Triumph. Doch vielleicht ist es das eigentliche Wunder, dass abstrakte logische Überlegungen zu einer einheitlichen Theorie führten, die ein Universum mit der ganzen überwältigenden Vielfalt vorhersagt und beschreibt, die wir vor Augen haben. Wenn die Theorie durch Beobachtung bestätigt wird, ist sie der erfolgreiche Abschluss einer Suche, die vor mehr als 3000 Jahren begonnen hat. Dann haben wir den Großen Entwurf gefunden.

DANKSAGUNG

DEM UNIVERSUM LIEGT ein Entwurf zugrunde und genauso einem Buch. Doch im Gegensatz zum Universum erscheint ein Buch nicht spontan aus dem Nichts. Ein Buch braucht einen Schöpfer, und diese Aufgabe fällt nicht allein seinen Autoren zu. Daher möchten wir zuallererst unseren Lektorinnen Beth Rashbaum und Ann Harris für ihre fast unendliche Geduld danken. Sie waren unsere Schüler, wenn wir Schüler brauchten, unsere Lehrer, wenn wir Lehrer brauchten, und unsere Antreiber, wenn wir Antreiber brauchten. Sie vertieften sich in das Manuskript und taten es unverdrossen, egal, ob es um ein Komma ging oder die Verdeutlichung ebenso komplexer wie schwerverständlicher Formulierungen.

Dank schulden wir auch Mark Hillery, der so freundlich war, große Teile des Manuskripts zu lesen und wertvolle Anregungen zu liefern; Carole Lowenstein, die entscheidend zum Layout beitrug; David Stevenson, dem die Gestaltung des Buchdeckels oblag; und Loren Noveck, deren Liebe zum Detail uns manche Rechtschreibfehler erspart hat, die wir nur höchst ungern hätten in Druck gehen sehen. Großen Dank auch an Peter Bollinger: dafür, dass du in deinen Abbildungen Kunst und Wissenschaft zusammengebracht hast, und für die Sorgfalt, mit der du jede Einzelheit behandelt hast. Und an Sidney Harris: für die wundervollen Karikaturen und für das große Verständnis für die Fragen, mit denen Wissenschaftler zu tun haben. In einem anderen Universum hättest du Physiker werden können. Ferner danken wir unseren Agenten Al Zuckerman und Susan Ginsburg für ihre Unterstützung und Ermutigung. Es waren vor allem zwei Botschaften, die wir fortwährend von ihnen erhielten: «Es ist jetzt Zeit, das Buch zu beenden», und: «Macht euch keine Gedanken, wann das Buch fertig wird, irgendwann wird es schon klappen.» Und sie waren klug genug zu wissen, wann sie was zu sagen hatten.

Und schließlich gilt unser Dank Stephens persönlicher Assistentin Judith Croasdell, seiner Computerhilfe Sam Blackburn und Joan Godwin. Sie leisteten nicht nur moralische Unterstützung, sondern auch praktische und technische Hilfe, ohne die wir dieses Buch nicht hätten schreiben können. Außerdem wussten sie immer, wo die besten Pubs waren.

GLOSSAR

Anthropisches Prinzip – die Überlegung, dass die Schlussfolgerungen, die wir über die in unserem Universum manifesten Gesetze der Physik ziehen, implizit unsere Existenz voraussetzen.

Antimaterie – jedes Materieteilchen besitzt ein entsprechendes Antiteilchen. Wenn sie sich begegnen, heben sich Teilchen und entsprechende Antiteilchen unter Zurücklassung reiner Energie gegenseitig auf.

Asymptotische Freiheit – die Eigenschaft der starken Kraft, bei kurzen Abständen schwächer zu werden. Daher können sich Quarks, obwohl durch die starke Kraft in den Kernbausteinen gebunden, innerhalb dieser Bausteine (Protonen, Neutronen) bewegen, als würde überhaupt keine Kraft auf sie einwirken.

Atom – die Grundeinheit gewöhnlicher Materie, die aus einem Kern mit seinen Protonen und Neutronen und den ihn umkreisenden Elektronen besteht.

Baryonen – Elementarteilchen, die, wie zum Beispiel Proton oder Neutron, aus je drei Quarks bestehen.

Boson – ein Elementarteilchen, das eine Kraft überträgt.

Bottom-up-Ansatz – in der Kosmologie die Annahme, dass es eine einzige Geschichte mit einem wohldefinierten Ausgangspunkt gibt und dass sich der derzeitige Zustand des Universums aus diesem Anfang entwickelt hat.

Elektromagnetische Kraft – die zweitstärkste der vier Naturkräfte. Sie wirkt zwischen Teilchen mit elektrischen Ladungen.

Elektron – ein fundamentales Materieteilchen, das eine negative Ladung hat und für die chemischen Eigenschaften der Elemente verantwortlich ist.

Fermion – ein fundamentales Materieteilchen.

Galaxie – ein großes System aus Sternen, interstellarer Materie und dunkler Materie, das von der Gravitation zusammengehalten wird.

Gravitation – die schwächste der vier Naturkräfte. Sie sorgt für die Anziehung zwischen Objekten mit Masse.

Heisenberg'sche Unschärferelation – ein Gesetz der Quantentheorie, nach dem bestimmte Paare physikalischer Eigenschaften nicht gleichzeitig mit beliebiger Genauigkeit gemessen werden können.

Kein-Rand-Bedingung – die These, dass die Geschichten des Universums geschlossene Flächen ohne einen Anfang, einen Rand sind.

Klassische Physik – jede physikalische Theorie, die davon ausgeht, das Universum habe eine einzige, wohldefinierte Geschichte.

Kosmologische Konstante – ein Parameter in Einsteins Gleichungen, der der Raumzeit eine inhärente Expansionstendenz verleiht.

Meson – Elementarteilchen, das aus je einem Quark und Antiquark besteht.

M-Theorie – fundamentale physikalische Theorie; Kandidat für eine Theorie von Allem.

Multiversum – die Menge aller Universen.

Neutrino – ein extrem leichtes Elementarteilchen, das nur der schwachen Kernkraft und der Gravitation unterworfen ist.

Neutron – elektrisch neutrale Sorte von Baryonen. Neutronen bilden zusammen mit den Protonen die Atomkerne.

Photon – Boson, das die elektromagnetische Kraft überträgt. Quantenteilchen des Lichts.

Proton – elektrisch positiv geladener Typ von Baryon. Protonen bilden zusammen mit Neutronen die Kerne von Atomen.

Quantentheorie – eine Theorie, in der jedes Objekt mehr als nur eine einzige eindeutige Geschichte hat.

Quark – ein Elementarteilchen mit einer gebrochenzahligen elektrischen Ladung, das der starken Kraft unterliegt. Sowohl Protonen wie Neutronen bestehen aus je drei Quarks.

Raumzeit – ein mathematischer Raum, dessen Punkte sowohl durch räumliche wie auch eine zeitliche Koordinate bestimmt werden.

Renormierung – eine mathematische Technik, mit deren Hilfe man die in Quantentheorien entstehenden Unendlichkeiten in den Griff bekommen möchte.

Scheinbare Gesetze – die Gesetze, die sich in unserem Universum manifestieren; die Gesetze der vier Kräfte und die Parameter wie Masse und Ladung, die die Elementarteilchen charakterisieren, im Gegensatz zu den fundamentaleren Gesetzen der M-Theorie, die verschiedene Universen mit verschiedenen Gesetzen zulassen.

Schwache Kernkraft – eine der vier Naturkräfte. Die schwache Kraft ist verantwortlich für bestimmte Sorten von Radioaktivität und spielt eine entscheidende Rolle bei der Elemententstehung in Sternen und im frühen Universum.

Schwarzes Loch – eine Region der Raumzeit, die infolge ihrer unermesslichen Gravitationskraft vom Rest des Universums abgeschnitten ist.

Singularität – ein Punkt in der Raumzeit, an dem eine physikalische Größe unendlich wird.

Starke Kernkraft – die stärkste der vier Naturkräfte. Diese Kraft bindet die Protonen und Neutronen innerhalb des Kerns eines Atoms. Sie hält auch die Protonen und Neutronen selbst zusammen, was erforderlich ist, weil diese aus noch winzigeren Teilchen, den Quarks, bestehen.

Stringtheorie – eine physikalische Theorie, in der Teilchen als Schwingungsmuster beschrieben werden, die eine Länge, aber keine Höhe oder Breite haben – wie Stücke unendlich dünner Saiten.

Summe über alle Geschichten – eine Formulierung der Quantentheorie, bei der die Wahrscheinlichkeit einer beliebigen Beobachtung aus allen möglichen Geschichten hergeleitet wird, die zu dieser Beobachtung hätten führen können.

Supergravitation – eine Gravitationstheorie, die eine spezifische zusätzliche Symmetrie besitzt, nämlich die sogenannte Supersymmetrie.

Supersymmetrie – eine besondere Form der Symmetrie, die sich nicht auf die normalen Transformationen des Raums zurückführen lässt. Eine wichtige Konsequenz der Supersymmetrie ist, dass Kraftteilchen und Materieteilchen, und damit Kraft und Materie, in Wahrheit nur zwei Seiten einer Medaille sind.

Top-down-Ansatz – der kosmologische Ansatz, bei dem man die Geschichte des Universums von «oben nach unten» verfolgt, das heißt rückwärts vom gegenwärtigen Zeitpunkt aus.

Urknall – der dichte, heiße Anfang des Universums. Nach der Urknalltheorie hatte das Universum, das wir heute sehen können, vor 13,7 Milliarden Jahren einen Durchmesser von lediglich wenigen Millimetern. Heute ist das Universum weitaus größer und kälter, aber wir können die Überreste dieser frühen Periode als kosmische Mikrowellen-Hintergrundstrahlung beobachten, die den gesamten Raum erfüllt.

Wahrscheinlichkeitsamplitude – in der Quantentheorie eine komplexe Zahl, deren Betragsquadrat eine Wahrscheinlichkeit angibt.

REGISTER

Kursiv gedruckte Seitenzahlen verweisen auf Abbildungen.

Genehmigte Lizenzausgabe für Impian GmbH, Leverkusen, 2024

Umschlaggestaltung: Nele Schütz Design
unter Verwendung von Adobe Stock/nsit0108 und Shutterstock/Tartila
Druck: UAB BALTO print
Printed in Lithuania

ISBN 978-3-96269-173-8

www.impian.de